不留遗憾

北大妇幼专家教你健康育儿经

梁芙蓉 编著

中国轻工业出版社

图书在版编目（CIP）数据

不留遗憾北大妇幼专家教你健康育儿经 / 梁芙蓉编著 .
—北京：中国轻工业出版社，2018.8

ISBN 978-7-5184-1818-3

Ⅰ.①不…　Ⅱ.①梁…　Ⅲ.①婴幼儿—哺育　Ⅳ.
①TS976.31

中国版本图书馆 CIP 数据核字（2018）第 037677 号

责任编辑：付　佳　王芙洁

策划编辑：翟　燕　付　佳　王芙洁　　责任终审：劳国强　　封面设计：奇文云海

版式设计：悦然文化　　　　　　　　　　责任校对：李　靖　　责任监印：张京华

出版发行：中国轻工业出版社（北京东长安街 6 号，邮编：100740）

印　　刷：北京瑞禾彩色印刷有限公司

经　　销：各地新华书店

版　　次：2018 年 8 月第 1 版第 1 次印刷

开　　本：720×1000　1/16　印张：15

字　　数：280 千字

书　　号：ISBN 978-7-5184-1818-3　定价：49.80 元

邮购电话：010-65241695

发行电话：010-85119835　传真：85113293

网　　址：http://www.chlip.com.cn

Email：club@chlip.com.cn

如发现图书残缺请与我社邮购联系调换

170165S3X101ZBW

看过身边不少85、90后的新手爸妈，很多都还没来得及进行备孕育儿的知识储备和心理准备，就一下子迈入全新的人生阶段。孩子出生后，新手爸妈开始了手忙脚乱的育儿生活，有的虽有老人帮忙，但毕竟他们也是二三十年未照顾小孩子了，有些经验已经过时了。新手爸妈只能在实践中不断摸索，孩子就成了"试验品"，这其中会有很多遗憾让新手爸妈懊恼不已。

在门诊中，我就碰到了很多这样的例子，母乳喂养严格遵循时间、发热给孩子"捂汗"、便秘了用肥皂条、带孩子过分依赖老人……每位父母都希望把最好的倾囊送给孩子，可是初为父母，经验不足，难免遇到一些事情，做出并不正确的决定，造成小小遗憾。我们不能事后穿越回去改变已发生的，但可以事先学习如何避免。

育儿的相关内容虽多，但鱼龙混杂，真假难辨，而且各种陋习或误区更易误导新手爸妈。于是，我就想借助多年来儿科专业知识、门诊经验的累积，指导新手爸妈掌握科学、靠谱的育儿知识，让孩子少生病，让家长知道孩子生病后如何处理。本书从新手爸妈和孩子的立场出发，融合幼儿心理、营养等跨学科知识领域，做全方位育儿知识推广和普及。

希望所有的孩子都被温柔以待，希望这些靠谱、实用的育儿干货能够帮助新手爸妈在育儿过程中少走一点弯路，少留一些遗憾。

梁芙蓉

我是本书的编辑，也是一位 3 岁男宝的妈妈。遗憾的是，我是在孩子 3 岁的时候才看到这本书稿。书中很多实用的育儿知识我都错过了，比如宝宝 6 个月内最好纯母乳喂养，尽量 1 岁后再断奶，要渐渐给他立规矩……这些我都没做好，真是很遗憾。我衷心希望更多的新手爸妈看到这本书，不要在育儿喂养方面留下遗憾！

这本书是"不留遗憾"系列的其中一本。为什么要以"不留遗憾"这个主题来策划这套图书，因为如我一样有很多"过来人"在怀孕期间及刚刚当母亲之时没有注意一些科学、实用的孕产育儿知识，留下这样那样的遗憾。当了妈妈之后，深深体会到很多的不知所措、无助困惑，所以特别想把自己的经验教训分享给"后来人"，于是，就有了我们这套"不留遗憾"系列图书。

在策划这套书的过程中，我们通过多种方式收集了大量"过来人"在怀孕、育儿方面留下的各种遗憾，还搜索了众多准爸妈和新手爸妈想要了解的问题。针对这些调查，我们做了层层筛选，选择的这些遗憾和关注点都是准爸妈和新手爸妈最关心的。我们联系了知名的妇产科专家、营养专家、儿科专家对这些大家非常关注的点进行了系统的整理、回答。希望给读者朋友带来详细、靠谱又实用的内容。同时我自己也是一名妈妈，对准妈妈或新妈妈的很多问题都非常有共鸣，在编辑的时候格外用心、用情，特别不想让大家再留遗憾了！

最后衷心祝愿小宝贝们都能健康成长！

付佳

目录
CONTENTS

孩子的成长只有一次，别让自己留遗憾

不该留下遗憾的事儿   14

做合格爸妈，把握这 3 个千金不换的
育儿方   16

Part 1 婴儿期（0~1岁）生长发育非常迅速

第 1 个月：
吃吃睡睡的美好生活   18
不该留下遗憾的事儿   18
1 个月孩子的发育指标   20
1 个月孩子的神奇本领   20
母乳是最好的喂养方   21
母乳喂养期间可能出现的问题和
解决方法   23
想喂奶 15 分钟，管饱两三小时？
利用好奶阵就能做到   27
母乳不足时，正确混合喂养   29
正确进行人工喂养   30
吃完奶拍嗝，能防止吐奶、溢奶   31

营养素补充剂，分情况补   32
大部分黄疸都是生理性黄疸   34
正确的抱娃姿势   35
正常新生儿的特殊表现   36
爱的抚触，让孩子生长快、更聪明   38
最好的早教是陪孩子玩   39
梁大夫零距离育儿问答   40

第2个月：会熟练吸奶了　42

不该留下遗憾的事儿　42

2个月孩子的发育指标　44

2个月孩子的神奇本领　44

快速生长期，营养要跟上　45

如何保护孩子的囟门　47

孩子睡觉时需要注意这4件事　48

夜间护理有讲究　49

前3个月最适合为孩子塑造漂亮的头形 50

感觉统合训练，越早开始越受益　52

最好的早教是陪孩子玩　54

梁大夫零距离育儿问答　55

第3个月：能抓握东西了　56

不该留下遗憾的事儿　56

3个月孩子的发育指标　58

3个月孩子的神奇本领　58

孩子的食欲好了，知道饥饱了　59

安抚奶嘴怎么用　60

呵护孩子娇嫩的小屁屁　62

如何训练孩子翻身　63

"EASY"和"4S"哄睡法帮助孩子规律

作息　64

最好的早教是陪孩子玩　66

梁大夫零距离育儿问答　67

第4个月：喜欢让妈妈抱　68

不该留下遗憾的事儿　68

4个月孩子的发育指标　70

4个月孩子的神奇本领　70

母乳的营养够，不着急添加辅食　71

孩子爱抱睡，放下就醒怎么办　72

如何将爸爸培养成"超级奶爸"　73

最好的早教是陪孩子玩　74

梁大夫零距离育儿问答　75

第5个月：用手拿到小玩具　76

不该留下遗憾的事儿　76

5个月孩子的发育指标　78

5个月孩子的神奇本领　78

成功追奶，应对乳汁减少　79

这样换配方奶，孩子更容易接受　81

轻松做个"背奶妈妈"　82

如何安全使用婴儿车　84

最好的早教是陪孩子玩　85

梁大夫零距离育儿问答　87

第 6 个月：准备添加辅食　88

不该留下遗憾的事儿　88

6 个月孩子的发育指标　90

6 个月孩子的神奇本领　90

满 6 个月，可以尝试给孩子添加辅食了　91

最好的第一口辅食是含铁婴儿米粉　92

避免或推迟添加易致敏食物不会预防
过敏　93

原味辅食才是最好的辅食　94

口腔护理，从第一颗乳牙萌出就要开始　95

孩子乘车，一定要正确使用安全座椅　98

最好的早教是陪孩子玩　100

梁大夫零距离育儿问答　101

第 7~9 个月：
爱吃手，学爬行　102

不该留下遗憾的事儿　102

7~9 个月孩子的发育指标　104

7~9 个月孩子的神奇本领　104

会啃咬了，食欲大增，营养要均衡　105

给孩子创造条件，让他利索爬行　106

背带、腰凳的安全使用攻略　107

"妈妈别走"！六步缓解孩子的分离
焦虑　108

最好的早教是陪孩子玩　109

梁大夫零距离育儿问答　110

第 10~12 个月：会扶站了　112

不该留下遗憾的事儿　112

10~12 个月孩子的发育指标　114

10~12 个月孩子的神奇本领　114

辅食向主食过渡，奶开始变为辅食　115

孩子开始学走路，要做好防护了　116

孩子理发时不配合，这 4 招轻松控场　117

教孩子说话应避免的 4 个误区　118

最好的早教是陪孩子玩　119

梁大夫零距离育儿问答　120

幼儿期（1~3岁）
身体发育减慢，应防意外

1岁1~3个月：喜欢户外玩耍 122

不该留下遗憾的事儿   122

1岁1~3个月孩子的发育   124

1岁1~3个月孩子的神奇本领   124

10个月~2岁断奶，孩子舒服、
妈妈轻松   125

孩子断奶后，应该喝配方奶还是牛奶   127

给孩子挑选合适的鞋子   128

每天1~2小时户外活动，好处多多   129

巧用加湿器，预防孩子呼吸道疾病   130

最好的早教是陪孩子玩   131

梁大夫零距离育儿问答   132

1岁4~6个月：更愿意自己玩 133

不该留下遗憾的事儿   133

1岁4~6个月孩子的发育   135

1岁4~6个月孩子的神奇本领   135

孩子不爱吃饭？可能是家长犯了
这几个错   136

排查家中的潜在危险   137

睡前故事魔力大   138

帮孩子建立安全意识   139

最好的早教是陪孩子玩   140

梁大夫零距离育儿问答   141

**1岁7~9个月：
长成大孩子了   142**

不该留下遗憾的事儿   142

1岁7~9个月孩子的发育   144

1岁7~9个月孩子的神奇本领   144

对食物的兴趣增加，培养良好的
饮食习惯   145

适时进行排便训练   146

亲子班的利与弊   147

最好的早教是陪孩子玩   148

梁大夫零距离育儿问答   149

1 岁 10 个月～2 岁：
渐渐立规矩   **150**
不该留下遗憾的事儿   150
1 岁 10 个月～2 岁孩子的发育指标   152
1 岁 10 个月～2 岁孩子的神奇本领   152
放手让孩子独立吃饭   153
为孩子建立睡前程序   154
最好的早教是陪孩子玩   155
梁大夫零距离育儿问答   **156**

2～2.5 岁：
自我意识在增强   **158**
不该留下遗憾的事儿   158
2～2.5 岁孩子的发育指标   160
2～2.5 岁孩子的神奇本领   160
跟着《膳食指南》选零食，更健康   161
孩子打人，大人怎么管   162
孩子总是说"不"，怎么办   163
带孩子旅行，须注意的那些事儿   164
最好的早教是陪孩子玩   166
梁大夫零距离育儿问答   **167**

2.5～3 岁：
为入园做准备   **168**
不该留下遗憾的事儿   168
2.5～3 岁孩子的发育指标   170
2.5～3 岁孩子的神奇本领   170
接受丰富的食物，可以自己进餐了   171
让孩子做点力所能及的家务，培养
自理能力   172
让孩子学会独立睡觉   173
教孩子擤鼻涕   174
怎样应对孩子入园问题   175
最好的早教是陪孩子玩   177
梁大夫零距离育儿问答   **178**

小儿常见病
对症调理，少遭罪好得快

Part 3

感冒 180

不该留下遗憾的事儿 180

感冒，好妈妈是孩子的第一个医生 182

感冒了，这样吃好得快 184

发热 185

不该留下遗憾的事儿 185

发热时冷静处理，别自乱阵脚 186

这样吃助孩子降温 190

咳嗽 191

不该留下遗憾的事儿 191

绿色止咳，让孩子赶紧好起来 192

这样吃缓解咳嗽 194

肺炎 195

不该留下遗憾的事儿 195

肺炎要早发现早治疗 196

妈妈该怎么照顾肺炎宝宝 197

这样吃减少咳嗽，好得快 198

腹泻 199

不该留下遗憾的事儿 199

腹泻时要悉心护理 200

腹泻时防止脱水，及时补水 202

便秘 204

不该留下遗憾的事儿 204

孩子便秘不容忽视 205

吃对了，让便便更通畅 207

积食 209

不该留下遗憾的事儿 209

积食，防治很重要 210

积食了，积极纠正喂养不当 212

湿疹 213

不该留下遗憾的事儿 213

做好皮肤护理，治疗湿疹事半功倍 214

饮食上注意防过敏 215

缺铁性贫血 216

不该留下遗憾的事儿 216

根据医生建议合理补充铁剂 217

贫血改善后宜通过饮食补铁 218

小儿常见意外
防患于未然，安全成长

Part 4

吞咽异物	**220**
不该留下遗憾的事儿	220
孩子吞咽异物，家长这样急救	222
摔伤	**224**
不该留下遗憾的事儿	224
孩子摔伤后，怎样护理不留疤	226
烫伤	**228**
不该留下遗憾的事儿	228
孩子烫伤后，立即用凉水冲洗	229
晒伤	**231**
不该留下遗憾的事儿	231
孩子晒伤后，这样护理娇嫩的皮肤	232
蚊虫叮咬	**233**
不该留下遗憾的事儿	233
夏季，让孩子远离蚊虫叮咬	234

附录 0～3岁孩子身高、体重增长曲线图 　　236

孩子的成长只有一次，别让自己留遗憾

不该留下遗憾的事儿

 没有提前了解育儿知识

好遗憾呀

宝妈： 怀孕时，我一头扎进各大 BBS 的孕妈论坛内，几个月下来，孕产知识如数家珍。这时，我还没意识到已经犯下了一个错误：没有去了解育儿的知识，认为宝宝健康生下来就算完成任务了。当孩子生下来碰到或大或小的问题时，后悔自己当年怀孕时没读一读育儿书籍，看一看优秀的育儿视频，储备点育儿知识。

 孕期就应开始储备育儿知识

不留遗憾

梁大夫： 有了宝宝后，很多妈妈会感到"状况百出"，一会儿母乳不够吃，一会儿娃夜里不睡白天睡，一会儿拉肚子……最好能在孕期就开始储备育儿知识，对孩子的发育特征、可能存在的问题、护理要点做到心中有数，这样孩子生下来就不会手足无措。但妈妈们也要放松心态，自己不会的可以现学，也可以让爸爸去解决，现在随时随地用手机、朋友圈、微博等了解育儿信息、学习育儿知识都很方便。

孩子长得太快，没有写育儿日记

好遗憾呀

宝妈：孩子第一次叫妈妈，第一次学走路……什么时间干了什么，当时印象那么深刻的事情，现在有些事真的想不起来了。只能通过少量的照片才能勉强拼凑一些片段。后悔当时没有写日记，哪怕每天记一句话，当时觉得麻烦，现在确实很后悔。

随时随地用手机记录精彩瞬间

不留遗憾

梁大夫：现在，记录孩子成长的方式多种多样，可以每天照相、录视频、写一句简短的话来记录孩子生活的点点滴滴，经过一段时间的累积将特别有纪念意义的打印出来，放到相册里随时翻看。但是，别在网上过多晒娃，特别是孩子姓名、固定行程等别发布在网上，以免泄露太多的信息，被别有心机的人利用。

第一口吃的是奶粉

好遗憾呀

宝妈：我是独生女，从小娇生惯养，到我也当妈妈的时候，就觉得喂奶这事儿怪怪的，也是因为怕疼、担心乳房变形，就不想给宝宝喂母乳。于是，宝宝第一口吃的是我早已备好的奶粉，虽说是市场上进口的最贵的奶粉，但为这个事儿还是惹得婆婆不高兴，老公也因为将就我而没少挨骂。结果宝宝出生没多久，三天两头进医院。医生告诉我，吃母乳的宝宝免疫力可能会好很多。我顿时恍然大悟，为自己的自私而后悔不迭。

母乳好处多，尽量给宝宝吃母乳

不留遗憾

梁大夫：每位健康妈妈的乳汁一般都能满足自己宝宝的需求，在宝宝出生半年内，妈妈应坚持母乳喂养。母乳喂养不仅能满足孩子的食物需求，还可满足其情感需求，增强其安全感。同时，妈妈给宝宝喂奶，不用担心乳房下垂，乳房在此期间会变大，但配合适量运动（如健胸操等）和恰当的按摩，胸形会恢复如初；而宝宝的吸吮会促使妈妈体内产生大量激素，增强子宫收缩，促进恶露排出，有利于子宫恢复，降低乳腺癌和卵巢癌的发病率。因此，如果没有客观条件限制（见30页），尽量给宝宝吃母乳。

做合格爸妈，
把握这 3 个千金不换的育儿方

孩子成长路上不缺席

孩子的成长路上，爸妈如果缺席，可能会让孩子走上歪路，一旦错过，是不可逆的，也是无法弥补的。孩子从出生到长大，爸妈真正拥有他的时间其实没有几年。有朋友因为家庭状况，将一岁半的孩子送回外婆家，每次提起孩子都很难受，说过了1个月再跟孩子视频，他变得十分抗拒，甚至躲得远远的，后来不到2个月又接回来了。爸妈应尽量创造条件，让孩子在自己身边长大。

父母和孩子其实是一场渐行渐远的别离。好好珍惜孩子在父母身边的这几年吧！其实，孩子的需要很简单，那就是父母的陪伴。

父母不要在孩子面前吵架

随着孩子的降临，家里突然间乱作一团，各种各样的摩擦接踵而至，如果还跟长辈一起住，矛盾会更多，很多人在焦躁的情绪下，不懂沟通，只顾发泄，忘了回避身边的孩子。父母在争吵时，孩子感受到的就是恐惧、悲伤、无助，这容易影响孩子情绪、性格等的发展，孩子容易变得冷漠，对他人缺乏信任，爱挑剔，脾气大等。因此，父母别当着孩子面吵架。如果有矛盾，可以找个安静的地方进行有效的沟通。

成为孩子的榜样

父母是孩子的镜子，映照出孩子的未来；孩子也是父母的镜子，折射出父母的影子。大人是孩子的榜样，孩子通过模仿大人的行为来建立自己的行为模式。孩子会在不知不觉中模仿父母的言谈举止、处世态度、待人接物方式等，他们会把父母平时的一举一动真实无比地展现出来。

中国儿童教育家孙敬修说过："孩子的眼睛是录像机，孩子的耳朵是录音机，父母个人的范例，对于未成年人的心灵，是任何东西都不可能替代的最有用的阳光。"这就要求父母应从自身做起，给孩子树立一个好榜样，成为孩子学习的好对象。

Part

1

婴儿期（0~1岁）
生长发育非常迅速

第1个月：
吃吃睡睡的美好生活

 将珍贵的初乳挤掉了

好遗憾呀

宝妈： 怀着孩子的时候，就看见牛初乳的广告打得天花乱坠，想着，那牛长得多壮实啊，买了两罐放着等孩子出生喝。孩子出生以后，我开始自然泌乳，刚出来的初乳黄黄的，看着好像没有牛乳好的样子，于是我把它挤掉倒了，给孩子喝我早已备好的牛初乳。当医生查房的时候问："孩子喝母乳了吗？"我给医生一讲，医生连说"可惜了"。后来仔细听了医生的讲解之后，悔不当初。

 初乳是妈妈给孩子的珍贵礼物

不留遗憾

梁大夫： 市场上的牛初乳、高级奶粉等都不能替代母乳，尤其是初乳。初乳是妈妈在产后4~5天内所分泌的淡黄色乳汁，具有营养和免疫的双重作用，富含蛋白质（免疫球蛋白A、乳铁蛋白、溶菌酶等）、维生素、矿物质（钙、镁、铜、铁、锌）等，脂肪、乳糖含量低，十分适合新生孩子，保护消化道、呼吸道黏膜，增强抵抗力。

有母乳性黄疸，我把母乳给停了

宝妈：孩子的生理性黄疸消退了十多天后，皮肤又明显变黄，而且比之前黄疸的颜色更深。但是孩子能吃能睡能长个，也没当回事，但当黄疸持续了2周还没下去，长辈就坐不住了，问遍熟人得出结论是，孩子对母乳过敏，不能喂奶了。我把奶停了几周，等孩子彻底好了再想喂奶，奶已经不够了，很无奈。

暂停母乳3天就可以

梁大夫：母乳是孩子最好的营养来源，只要孩子生长正常、进食正常，喂奶期间黄疸没有加重，就无须停母乳。只有当血清胆红素超过239微摩/升（14毫克/分升）时，可暂停母乳3天，改配方奶喂养，直到胆红素降到安全范围再恢复母乳，黄疸消退后可以继续母乳喂养。在暂停母乳期间，妈妈可以用吸奶器把母乳吸出储存起来，以保持乳汁充分分泌，黄疸减轻后继续母乳喂养。

没能阻止老人给他擦马牙

宝妈：有一天，发现孩子的口腔上腭中线两侧和齿龈边缘出现一些黄白色的小点，他奶奶看了一眼，说是马牙，擦掉之后会让牙齿长得好，当时也没这方面的知识储备，就没有阻止奶奶用盐水擦马牙。可能是用劲儿比较大，孩子齿龈出现了轻微红肿，好在过几天就消除了。担忧之余又有点庆幸，还好没用针挑破，听说严重的会导致全身感染。

让马牙顺其自然脱落

梁大夫：大多数孩子在出生后的4~6周，口腔上腭中线两侧和齿龈边缘会出现一些黄白色的小点，很像长出来的牙齿，俗称"马牙"。医学上叫上皮珠，上皮珠是由上皮细胞堆积而成的，没有咀嚼功能，不影响正常吃奶，往往随着孩子的生长发育会自行脱落。家长完全没有必要用布擦、用水洗、用针挑，如处理后有感染迹象，应该及时带孩子到医院儿科诊治。

1 个月孩子的发育指标

指标	体重（千克）	身高（厘米）	头围（厘米）
男宝宝	3.99~5.07	52.7~56.9	35.7~38.2
女宝宝	3.74~4.74	51.7~55.7	35~37.4

注：本书中孩子的身高、体重指标参考世界卫生组织 2006 年发布的儿童生长标准；头围指标参考原卫生部于 2009 年颁布的《中国 7 岁以下儿童生长发育参照标准》，后同。

1 个月孩子的神奇本领

俯卧时，能将下巴抬起片刻，头会转向一侧。

能记得几秒钟内重复出现的东西。

会抓紧抱着他的人。

注视 20~45 厘米远的物品。

会伸出手臂、双腿嬉戏。

乳头、奶嘴、手指或其他物体碰到新生儿嘴唇，会立即做出吃奶的动作，是一种非条件反射，即吃奶的本能。

母乳是最好的喂养方

珍惜初乳

初乳是新妈妈分娩后4~5天内的乳汁，初乳的营养丰富，含免疫物质，对孩子的健康有利，所以一定要珍惜，要尽早吸吮哺喂。

初乳功效

1 免疫球蛋白可以覆盖在婴儿未成熟的肠道表面，阻止细菌、病毒的附着，提高抵抗力，促进新生儿的健康发育。

2 含有保护肠道黏膜的抗体，能防止肠道疾病。

3 在孩子吸吮时，妈妈体内能够分泌出催产素，有助于子宫快速收缩。

4 蛋白质的含量高，且容易消化和吸收。

5 能刺激肠胃蠕动，加速胎便排出，加快肝肠循环，减轻新生儿生理性黄疸。

按摩乳房刺激泌乳反射

按摩乳房能刺激乳房分泌乳汁，家人给妈妈做按摩催乳前，可以用温毛巾从乳头中心向乳晕方向做环形擦拭，两侧轮流热敷，每侧各敷15分钟，然后进行下面的按摩：

环形按摩： 双手分别放在乳房的上方和下方，环形按摩整个乳房。

指压式按摩： 双手张开放在乳房两侧，由乳房两侧向中间慢慢挤压。

螺旋形按摩： 一只手托住乳房，另一只手食指和中指以螺旋形向乳头方向按摩。

喂奶的正确姿势

1 在喂奶过程中，妈妈要放松。

2 妈妈用手臂托着孩子的头，使他的脸和胸部靠近妈妈，下颌紧贴妈妈的乳房。

3 妈妈用手掌托起乳房，用乳头刺激孩子口唇，待孩子张嘴，就将乳头和乳晕一起送入孩子嘴里。

4 待孩子完全含住乳头和大部分乳晕后，依靠他的两颌和舌头压住乳晕下面的乳窦来"挤奶"。

5 妈妈应用手指握住乳房上下方，托起整个乳房喂哺，以便于孩子吸吮，这样不会堵住孩子的鼻子。

婴儿的含接方式

含接良好
- 婴儿口上方有较大乳晕
- 嘴张较大
- 下唇向外翻
- 下颌接触乳房

含接不好
- 婴儿口下方有较大乳晕
- 嘴未张大
- 下唇向内
- 下颌未触到乳房

婴儿的吸吮状态

良好的吸吮状态
- 吸吮慢而深，有停顿
- 吸吮时双颊鼓起
- 吃饱后嘴松开乳房

不良的吸吮状态
- 吸吮快而浅
- 吸吮时面颊内陷
- 易把婴儿和妈妈乳房分开
- 无泌乳反射指征

母乳喂养期间可能出现的问题和解决方法

乳头内陷、扁平

乳头内陷一般有三种情况：一种是部分乳头内陷，乳头颈部存在，能轻易挤出；第二种是乳头完全凹陷到乳晕当中，但是可以用手挤出乳头，乳头较正常的小，多半是没有乳头颈部；第三种是乳头完全埋在乳晕下方，怎么都没有办法把乳头挤出。

应对办法

1 轻轻拉出乳头
每次哺乳前妈妈要将乳头轻轻拉出，送入孩子的口中，等到含住乳头并能成功吸吮即可。

2 保持清洁
妈妈平时应将乳头拉出来清洁，每次哺乳前后都应该清洁一下，避免因为乳头周围残留乳汁及污垢引起感染。

3 避免粗暴动作
如果乳头内陷很严重，也不能强行拉出来。确实不能哺乳的，应该尽早回乳，以免发生急性乳腺炎。

4 用矫正器或乳盾
有些妈妈乳头内陷比较严重，可以用矫正器或乳盾来帮助哺乳。

乳头疼痛、皲裂

出现乳头皲裂后一般不必马上停止喂奶。继续哺乳能够防止细菌通过裂口侵入乳腺组织，避免乳腺炎甚至乳腺脓肿的发生。但要注意纠正孩子错误的吸吮方式，不能只吸乳头，而是让孩子尽量把乳晕也含入口。

如果妈妈是单侧乳头皲裂，可能是因为孩子饥饿时刚开始吸奶时用力较大造成的，可以先让孩子吮吸乳头完好的一侧，再吸皲裂侧，此时吮力就会减缓而减轻痛楚。如果双侧乳房都有皲裂，可让孩子先吸吮较轻一侧，同时注意让孩子含住乳头及大部分乳晕，并经常变换喂奶姿势。哺乳完毕可以在乳头上涂少量乳汁。

如果妈妈乳头皲裂严重，则应暂停哺乳，同时用吸奶器将乳汁吸出，以防乳腺管堵塞加重疼痛。

漏奶

有些女性在哺乳期从不漏奶，但有些则可能几乎每次喂奶都会从一侧乳房中漏出一点儿奶。不过，哺乳期漏奶与新妈妈的总体奶量无关，有的新妈妈即使奶量少也会漏奶，而不少奶量多的新妈妈也从不漏奶。当乳房里的奶因太胀而溢出来，或者由于某些原因发生泌乳反射时（比如，周围有其他孩子开始哭或用另一侧乳房给孩子喂奶时），都会出现漏奶。

尽管新妈妈不能控制漏奶，但是可以早做防备。如果在孩子吃一侧乳房时，另一侧总是漏奶，可以在开始喂奶前用容器接或在乳罩里垫好纱布、乳垫或乳头保护罩。

出门要准备防溢乳垫

出门时无论带不带孩子，都要多带一件上衣和两个乳垫，或穿上能掩饰奶渍的衣服。如果感到乳汁要流出来了，可以双臂在胸前交叉、环抱，轻轻地压住乳房。这样能阻止意外漏奶。

上火

哺乳期上火能否吃药

哺乳期妈妈的饮食会在一定程度上影响乳汁的质量，而妈妈服用药物后，有的药物会通过乳汁进入孩子体内，对孩子的发育产生影响。因此，哺乳期妈妈用药一定要小心谨慎。最好咨询医生，在医生的指导下决定是否必须用药，以及用什么药合适。

与此同时，妈妈不能根据自己以往的经验随便用药，比如不能乱服用牛黄解毒片之类的去火药物，这类药物中含有人工牛黄、大黄等成分，很可能会影响孩子的健康。哺乳期上火，妈妈一定要注意清淡饮食，这样配合医生的治疗才能好得快。

哺乳期上火能喂奶吗

这个问题是很多哺乳妈妈都非常关心的，不少妈妈生怕自己上火让乳汁质量下降，从而影响孩子的健康。实际上，哺乳期上火不太严重的妈妈是可以继续喂奶的。但是妈妈最好留意一下自己的日常饮食，若妈妈的上火症状数天后也没有改观，最好暂停哺乳，并及时就医。

发热

哺乳期发热能喂奶吗

1.中低热（即体温在37.5～38.9℃）是可以喂奶的，如需要服用药物，要在医生指导下服用。并且要在喂奶后再服用，避免乳汁中药物成分较高时喂奶，服药后4小时内不宜喂奶。

2.倘若高热（即体温超过39℃）则不宜喂奶，此时需及时去正规医院就医，并且为了避免影响乳汁的分泌，每天需要挤奶3次以上。

3.卧室需要经常消毒以避免病菌积聚，室内要多通风换气，不宜将孩子久置于发热妈妈所在的房间，必要时可以将其转至其他房间避免感染。可将食醋与水按1：1煮沸，熏蒸房间4～6小时，门窗紧闭，即可对房间起到消毒的作用。

哺乳期发热的缓解办法

盐水漱口	饭后漱口时建议用盐水，最好稍微仰头使咽部也能得到清洁，早晚各一次，可以有效清除口腔内的细菌
热水泡脚	每天睡前用热水泡脚，水温以能够承受并且不会烫伤的最高温度为宜，坚持泡脚15分钟，泡脚时水面要超过脚背。若泡脚后双脚皮肤呈现发红状，效果才好
生吃大葱	将大葱切成丝，油烧熟后浇至葱上，加入适量豆腐或其他有清热作用的食材，凉拌即可
按摩鼻沟	掌心搓热后按揉鼻沟处，反复十几次。可以有效地对发热起到预防作用，并缓解发热后鼻子不通的症状
暖风吹面	刚有不适症状的时候，用电吹风调至暖风挡，朝着太阳穴方向吹，持续4分钟左右即可。注意不要烫伤，每天几次，可有效缓解头疼和发热

医生关于喂奶期间发热的 3 个建议：

1
哺乳妈妈如果发热比较严重，需要用抗生素治疗，而这种抗生素又有碍于孩子健康发育时，暂时不要喂母乳，避免药物通过乳汁输送给孩子。

2
在保温杯内倒入 42℃ 左右的热水，将口、鼻部置入杯口内，不断吸入热蒸汽，一日 3 次，能加速发热的好转。

3
经常喝鸡汤会增强人体的自然抵抗力，预防感冒的发生。在鸡汤中加一些胡椒、生姜等调味品，可以辅助治疗感冒、发热。

乳腺炎

产后乳腺炎，是发生在乳房部位的急性炎症，主要表现为患侧乳房红、肿、热、痛，局部肿块、脓肿，体温升高。急性乳腺炎是月子里的常见病，症状轻的新妈妈可以继续哺乳，症状严重的就必须就医了。

定时排空乳房

妈妈得了乳腺炎后，要及时排空乳房内的乳汁，因为没有乳汁的营养提供，可以阻止乳腺炎进一步恶化，经过一定的药物治疗很快会得到改善。

症状轻的要继续哺乳

症状轻的新妈妈可以继续哺乳，但要采取积极措施促使乳汁排出，或者局部用冰敷，以减少乳汁分泌。即使出现发热，也可以哺乳，但要注意补充水分，避免脱水虚脱。

想喂奶 15 分钟，管饱两三小时？
利用好奶阵就能做到

奶阵来临时妈妈的反应

当哺乳期妈妈的乳房被刺激时，乳汁像喷泉一样喷出，人们称这种现象为"奶阵"。一次喷乳反射会持续 1~2 分钟，在一次亲喂（直接抱宝宝用乳房喂奶）时间里会有 1~2 次的喷乳反射。由于喷乳反射时感觉奶是一阵一阵来的，当奶阵来临时，妈妈会有下面的几种感觉：

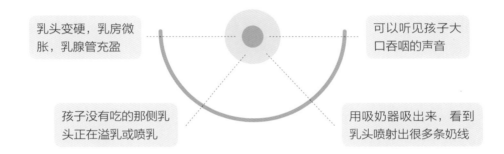

乳头变硬，乳房微胀，乳腺管充盈

可以听见孩子大口吞咽的声音

孩子没有吃的那侧乳头正在溢乳或喷乳

用吸奶器吸出来，看到乳头喷射出很多条奶线

快速引奶阵刺激法

亲喂 15 分钟以上

亲喂是最自然的引奶阵的方法，孩子只要吸几口，通常就能成功地刺激乳头，形成喷乳反射，奶阵就会出现。

喂奶前热敷乳房，可刺激乳汁分泌，1~2 分钟更换一次温热毛巾，热敷 15~20 分钟，但必须避开乳头，以免乳头因温度高、太过干燥而破皮。

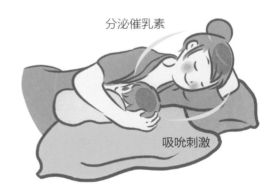

分泌催乳素

吸吮刺激

补充汤汤水水

哺乳期妈妈喂奶前先喝一大杯温水或催乳茶，补充足够水分后，深呼吸放轻松，能使喷乳反射更旺盛。

刺激乳头

将双手洗净，用手温柔地左右旋转乳头或是轻刮乳头，不时用手指触碰乳头最前端，使乳头坚挺变硬，以舒服为主，乳头摸到湿湿的就代表奶阵来了。

用吸奶器吸奶

奶阵来时是两边的乳房一起滴，所以建议用电动双边吸奶器。将吸奶器调到最弱，等到奶阵来临时再将力度调大，以便轻松挤奶。

乳房按摩

以打圈方式由外向乳头方向按摩乳房，轻抚数次后，再将指腹在乳晕周边轻轻挤奶，可帮助启动喷乳反射。

螺旋式按摩法：
指腹稍微用力，从乳房上方的胸壁开始，以螺旋方式按摩乳房，在每一个点按摩数秒，再移至下一个点，有点像在做乳房检查的动作。

垂直式按摩法：
手从乳房上方胸壁，轻抚至乳头，用轻轻搔痒的力道即可，这个动作也可以帮助妈妈放轻松。

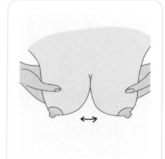

地心引力法：
身体微向前倾，借助地心引力让乳房往下垂，然后用手轻轻晃动乳房。

母乳不足时，正确混合喂养

如何判断母乳够不够

想知道母乳够不够，孩子有没有吃饱，可以从下面几个方面来判断：

1 听新生儿吃奶时下咽的声音，是否每吸吮 2~3 次，就可以咽下一大口。

2 看新生儿吃完奶后是否有满足感，是否能安静睡 30 分钟以上。

3 看新生儿的大便是否为金黄色糊状，排便次数是否为 2~6 次 / 天。

4 看新生儿的排尿次数，是否达 6 次 / 天（一天尿湿 4~6 块尿布或换下 4 个沉甸甸的纸尿裤，加上大便，新生儿每天需换 7~10 个纸尿裤）。

5 监测新生儿体重增长情况，是否增长 30~50 克 / 天，是否第一个月体重增长 600 克以上。

最后两条是最关键的判断标准。如果不能达到以上标准，就说明孩子没有吃饱，母乳是不够的，需要尝试混合喂养。

混合喂养也能让孩子正常发育

混合喂养是在确定母乳不足的情况下，用其他乳类来补充喂养。虽然这种喂养方式效果不如母乳喂养，但能让新生儿在乳汁总量不足时，也能保证摄入足够的奶量，不会影响其正常发育。

混合喂养提倡"补授法"

首先推荐采用"补授法"，即先喂母乳，然后再补充其他乳品，保证让孩子每天吸吮乳房 8 次以上，每次尽量吸空乳房。此外，妈妈要尽可能多地与孩子在一起，经常搂抱孩子。当母亲乳汁分泌增加时，减少配方奶的喂养量和次数。很多母乳不足的妈妈通过这种方法，过 1~2 个月奶水就够了，可以完全母乳喂养了。

尽量多吃母乳

混合喂养要充分利用有限的母乳，尽量多喂母乳。如果因为母乳不足，就减少哺乳的次数，这样反而会使母乳越来越少。母乳喂养的次数要均匀分开，不要很长一段时间都不喂母乳，这样做不利于乳汁分泌。

夜间最好喂母乳

夜间妈妈比较累，尤其是后半夜，起床后给孩子冲奶粉很麻烦，最好是母乳喂养。夜间妈妈乳汁分泌量相对较多，而孩子的需要量又相对减少，所以母乳一般能满足孩子的需要。

正确进行人工喂养

需要人工喂养的情形

孩子患有半乳糖血症	属于先天代谢异常，很少见。这类新生儿在进食含有乳糖的母乳或奶粉后，可出现严重呕吐、腹泻、黄疸、肝脾大等症状。确诊后，应立即停止母乳及普通奶制品喂养，喂食不含乳糖的特殊配方奶
妈妈接触过有毒化学物质	这些物质可通过乳汁使新生儿中毒，故妈妈哺乳期应避免接触有害物质，远离有害环境。或妈妈因病接受放射性治疗和化疗期间应暂停母乳喂养
妈妈处于传染病急性期	如新妈妈患艾滋病、开放性肺结核等，或者在各型肝炎的传染期，此时哺乳会增加新生儿感染的机会。故应暂时中断哺乳，用配方奶代替
其他需要人工喂养的情况	孩子患有苯丙酮尿症，可暂停母乳代之以低苯丙氨酸配方奶，待检测孩子血清中苯丙氨酸浓度恢复正常后可部分母乳喂养

按时喂养，防止喂养过度

人工喂养的孩子要按时喂养，且要防止喂养过度，否则不利于孩子的健康发育。对于健康的婴儿，只要孩子进食量充足，配方奶是可以满足其所需的全部营养的。在孩子消化功能正常的情况下，满月时一天奶量达到500毫升左右即可满足其生长需要。

满月的孩子，胃容量在60~80毫升，一般孩子每3小时进食一次，每次喂养量60~70毫升即可。每个孩子胃口大小不同，吃的多少也不同，完全照搬书本或同龄宝宝食量来喂养是不可取的。随着孩子不断成长，食用配方奶的量也在不断变化，这就需要妈妈细心摸索。

用奶瓶喂奶的姿势要正确

1 坐着用奶瓶喂孩子吃奶的时候，妈妈和孩子的体位都要保持舒适状态。并且在抱孩子前，手臂上搭一条干毛巾更好。

2 让孩子深深地含住奶嘴，直到看不见奶嘴稍长的那部分。

3 将奶瓶倾斜，保证奶嘴完全充满奶液，这样可以避免孩子吸入过多空气，减少孩子溢奶。

吃完奶拍嗝，能防止吐奶、溢奶

溢奶是很多新妈妈遇到的头疼事儿，其实防止溢奶的方法很简单，就是孩子每次吃完奶后及时拍嗝，帮助孩子把吸入的空气排出来。下面介绍2种常见的拍嗝方法：

俯肩拍嗝，适合新生儿

1 先铺一条毛巾在妈妈的肩膀上，防止衣服上的细菌和灰尘进入孩子的呼吸道，也可避免孩子溢奶弄脏妈妈的衣服。

2 右手扶着孩子的头和脖子，左手托住孩子的小屁屁，将孩子缓缓竖起，让孩子的下巴处靠在妈妈的左肩上。

3 左手托着孩子的屁股和大腿，给他向上的力，妈妈用自己的左脸去"扶"着孩子。

4 拍嗝的右手鼓起呈接水状，在孩子后背的位置小幅度由下至上拍打。1~2分钟后，如果还没有打出嗝，可慢慢将孩子平放在床上，再重新抱起继续拍嗝，这样做会比一直抱着拍效果要好。

搭臂拍嗝，
适合3个月以上的孩子

1 两只手抱住孩子的腋下，让孩子横坐在妈妈大腿上。

2 孩子的重心前倾，妈妈将右手臂搭好毛巾，同时从孩子的腋下穿过，环抱住孩子的肩膀，支撑孩子的身体，并让孩子的手臂搭在妈妈的右手上。

3 让孩子面部朝外，用左手开始拍嗝。

营养素补充剂，分情况补

你家孩子补钙了吗？补铁了吗？……被问得多了，就觉得周围的孩子都在补，不给自己的孩子补心里不踏实。那么到底要不要给孩子补营养素补充剂呢？哪些营养素需要补？多补会对孩子的身体有害吗？

维生素 AD，需要补

维生素 D 能促进钙的吸收，帮助孩子拥有强健的骨骼。一般来说，晒太阳后，身体会自动生成维生素 D。但孩子出生后的前 6 个月，没有太多时间进行户外活动，而且孩子的皮肤比较娇嫩，不建议长时间曝露在阳光下。

因此出生后，无论何种喂养方式（如人工喂养，每天喂养量超过 600 毫升，可不用额外补充维生素 D，因为配方奶中通常添加了维生素 D），每天均应提供 400IU 的维生素 D 补充剂。由于我国婴幼儿半数以上存在亚临床维生素 A 缺乏的状况，因此目前推荐补充维生素 AD 混合制剂。

维生素 AD 是必须补充的

对所有的孩子来说，维生素 AD 是必须补充的，部分孩子需要补充铁剂，其他营养素主要靠食物获得，不要相信市面上对营养素补充剂的宣传，以防坠入陷阱。

钙、铁，新生儿不需要补

这两种元素对孩子的成长非常重要，但并不需要额外补充，因为它们在孩子体内有一定量的储备，而且都可以从母乳中摄取到。

有的新手爸妈认为孩子出牙晚或容易出汗都是因为缺钙，其实这并没有绝对对应关系，出牙晚、出汗也可能不是缺钙。摄入过量的钙会引起血钙过高，反而会对骨骼造成损害，甚至会造成肾功能损害。正确的做法是坚持补充维生素 D，以促进身体对钙的吸收。在添加辅食后，有意识多摄入一些高钙的食物，如豆制品、深绿色蔬菜等。

铁，部分孩子需要补！孩子满 5 个月后，体内贮存铁消耗完，对于铁的需求量会大大增加，推荐摄入量从 0.3 毫克 / 天提高到 10 毫克 / 天，仅靠母乳或配方奶中摄取的铁已经不够了。满 6 个月，开始添加辅食后，孩子的饮食里需要足够量的铁，因此孩子的第一口辅食应该是强化铁的米粉。此外，给孩子的辅食要营养均衡，让孩子多吃含铁丰富的食物，如红肉、肝泥、蛋黄等。

一般来说，足月、健康的孩子只要在饮食上注意，就不需要额外补铁，但早产儿和贫血的孩子例外。

早产孩子

早产的孩子由于没有机会在妈妈的子宫里储备足够的铁元素，所以所有的早产孩子，特别是小胎龄的早产孩子（早于32周出生），一出生就应该在医生指导下补充铁剂。

贫血的孩子

孩子在社区打疫苗时，在6个月和1岁都会要求检测是否贫血。如果发现孩子贫血，医生会建议添加铁剂，同时增加富含铁元素的食物。

DHA，不需要补

DHA 是孩子大脑和眼睛发育都不可或缺的，而母乳中含有的 DHA 具有最优的营养比例，也是孩子最容易消化吸收的。而现在很多的配方奶也特意添加了 DHA，因此也不需要额外补充 DHA。哺乳妈妈要多吃富含 DHA 的食物，如三文鱼、金枪鱼、核桃、花生等，这样妈妈所吸收的 DHA 就会传递给孩子。

益生菌，不建议长期补

益生菌适量补充，能调节孩子的肠道功能，对孩子的肠绞痛、便秘和湿疹有一定帮助。但益生菌不建议长期服用，孩子的肠道在不断发育，良好的肠道功能应该依靠自身调节，在孩子一切正常时，没有必要服用益生菌。益生菌只是在肠道菌群失调的情况下帮助孩子建立正常的微生态环境。

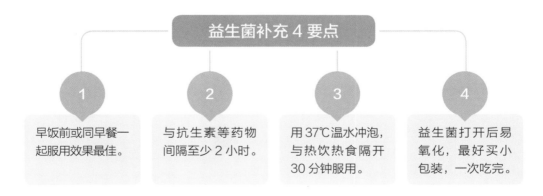

益生菌补充 4 要点

1　早饭前或同早餐一起服用效果最佳。

2　与抗生素等药物间隔至少 2 小时。

3　用 37℃温水冲泡，与热饮热食隔开 30 分钟服用。

4　益生菌打开后易氧化，最好买小包装，一次吃完。

大部分黄疸都是生理性黄疸

生理性黄疸重在家庭护理

大多数孩子在出生 72 小时后会出现生理性黄疸。主要是由于新生儿血液中胆红素释放过多，而肝脏功能尚未发育成熟，无法将胆红素及时排出体外，胆红素聚集在血液中，即引起了皮肤变黄。这种现象先出现于脸部，进而扩散到身体的其他部位。护理方法为：

1 生理性黄疸属于正常现象，一般情况不需要治疗，通常在出生 14 天后自然消退。

2 很多母乳喂养的孩子，由于母乳的原因，黄疸消退较慢，可以暂停母乳 3 天左右。

3 要在阳光充足时隔着玻璃窗给孩子照射，可以充分曝露身体皮肤，接受更多阳光照射，注意不要着凉，保护眼睛和会阴部。照射时间以上、下午各半小时为宜，注意变换体位，以免晒伤。

户外晒太阳对黄疸有辅助效果

在天气好的时候，妈妈可带着孩子在阳台和户外走走，最好选择有树荫或其他障碍物遮挡的地方，那些看起来由于漫反射而变得不甚强烈的光线，对新生儿的黄疸有很不错的辅助作用。

出现病理性黄疸及时治疗

病理性黄疸需要治疗，下列情况多考虑病理性黄疸：出生后 24 小时内出现黄疸；胆红素每日上升 86 微摩 / 升（5 毫克 / 分升）；足月儿 >239 微摩 / 升（14 毫克 / 分升），早产儿 >257 微摩 / 升（15 毫克 / 分升）；结合胆红素 >34 微摩 / 升（2 毫克 / 分升）；黄疸持续 2 周以上且无好转迹象。

病理性黄疸的原因可能有：母亲与孩子血型不合导致的新生儿溶血症，婴儿出生时有体内或皮下出血；新生儿感染性肺炎或败血症；新生儿肝炎、胆道闭锁等。如黄疸过重，有可能对新生儿智力产生影响，因此一定要及早就医，可根据医生诊断采用光照疗法。

正确的抱娃姿势

横抱式

适合 2 个月内的孩子。将孩子的头放在左臂弯里，肘部护着孩子的头和颈部；左腕和左手护着孩子的背和腰；右小臂护着孩子的腿部，右手托着孩子的屁股和腰。

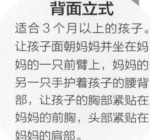

背面立式

适合 3 个月以上的孩子。让孩子面朝妈妈并坐在妈妈的一只前臂上，妈妈的另一只手护着孩子的腰背部，让孩子的胸部紧贴在妈妈的前胸，头部紧贴在妈妈的肩部。

仰面斜抱式

适合 2~3 个月的孩子。妈妈坐着，将孩子的头放在臂弯里，肘部护着孩子的头和颈部；孩子的屁股坐在妈妈的腿上，妈妈的右手护着孩子的腿部。

竖抱式

适合 4 个月以上的孩子。让孩子面朝着妈妈坐在妈妈的一只前臂上，此阶段孩子的头部已经稍微能够抬起了，但妈妈仍需要保护好他的头、颈、背部。

坐抱式

适合 6 个月以上的孩子。孩子背靠在妈妈胸前，脸、手向前，妈妈一手从孩子腋下经前胸环抱他，另一手从孩子一侧大腿下伸向另一侧抱住孩子另侧臀部和大腿。

正常新生儿的特殊表现

假月经

有些女婴出生1周左右，阴道可能会有血性分泌物，这是因为胎儿阴道上皮及子宫内膜受到母体雌激素影响。与女性排卵期相仿，出生后由于母体雌激素突然中断，使子宫及阴道上皮组织脱落，造成类似月经出血的情况。这种假月经属于正常生理现象，不用处理，数天后即可消失。

外耳异常

有的孩子出生后耳轮和耳廓折叠，外展紧贴着头部，一般在出生后数周可恢复正常。其发生的原因主要是宫内压迫所致。但是，如果在宫内压迫的时间过长，双耳生长可能会出现不对称的情况。

睾丸移动

刚出生的新生儿睾丸可能在阴囊中来回移动，有的时候可以移动到阴茎的根部，也有可能缩到大腿的根部，尤其是遇到冷刺激后，睾丸容易出现移动的现象。只要大多数时间睾丸都在阴囊中，个别时候睾丸上下移动都可以视为正常现象，不用担心。

红色尿

出生后3~5天，有些新生儿尿液会呈现红色，有时还会染红尿布，引起家长恐慌。这是因为孩子出生后白细胞分解较多，使得尿酸盐排泄增多，再加上刚出生的孩子吃得比较少，尿也少，就会出现红色的尿。家长不用着急，无须处理，过几天红色尿就会消失。若家长不放心，可留孩子的尿液送医院化验，若没有红细胞即可排除"血尿"了。

蒙古斑

大多数孩子出生后在腰部、背部、臀部以及大腿部会有一片光滑、平坦的片状淤青胎记。这种胎记多为淡蓝色或蓝黑色，可以是几厘米大小或者是大片融合。这是因为胎儿神经系统开始发育时，神经嵴的黑色素细胞在向表皮移行时未能穿透表皮和真皮的交界，潴留在真皮中延迟消失所致。蒙古斑一般在孩子2~3岁时消退，个别孩子在7~8岁自然消失，也有的孩子可能终身不消，但颜色会转淡，不用治疗。

新生儿红斑

孩子出生后 1~2 天内出现大小不等、边缘不清的斑丘疹，散布在头面部、躯干和四肢，且孩子没有任何不适，即为新生儿红斑。目前新生儿红斑产生原因不清，在 1 周左右逐渐消失，不用做任何处理。

粟粒疹

有的新生儿出生后在鼻尖、鼻翼以及颜面处可见针尖大小、黄白色的粟粒疹，这是因为皮脂腺堆积而成。粟粒疹不需要处理，随着新生儿脱皮会自然消失。

胎生牙（额外齿）

新生儿出生时，在乳牙的下门牙处带有 1 个或 1 个以上的异位切牙，属于多生的牙。这种牙齿容易松动脱落、无釉质，会刮伤孩子的舌头、舌下系带和妈妈的乳头。由于松动的牙齿在婴儿吸吮时容易吞食或误入气管中，因此医生往往建议将其拔除。当发现新生儿有这种情况时，请医生做进一步诊断来决定是否拔除。

足部姿势异常

有的新生儿出生后双脚有一些异常表现，如足上翻、足底内翻、足趾重叠、足趾弯曲等，主要是胎儿在宫内胎位不正，出生前受母亲骨盆以及子宫的强力压迫，或者小子宫、羊水过少等因素影响。胎儿习惯了宫内的位置，出生后仍然保持着宫内的姿势，一旦改变这种姿势，新生儿就会感到不舒服或苦恼，而恢复了原来的姿势就会安然入睡。随着生长发育，再配合家长每天多次按摩，足部姿势异常就会恢复正常了。

螳螂嘴

有的新生儿出生后在两颊部各有一个突起的脂肪垫，俗称"螳螂嘴"，这主要是利于吸吮乳汁，千万不可以挑破，以免引起感染，严重者还会引起生命危险。

乳房增大

孩子（不管是男婴还是女婴）出生后不久可见暂时性乳核增大，或者出现黑色乳晕，甚至分泌微量乳汁。这主要是因为在宫内受母亲内分泌影响所致，一般 2~3 周内消失，此时，千万不要挤乳头，以防感染。

爱的抚触，让孩子生长快、更聪明

上肢抚触——搓手臂

1 左手握住孩子的小手，固定。右手拇指与其余四指握成环状，松松地套在孩子的手臂上。

2 右手手掌从孩子的腕关节开始圈绕，揉按至孩子的肩关节。揉按时，以腕关节用力。

3 再从肩关节回到孩子的腕关节。

下肢抚触——双腿上举运动

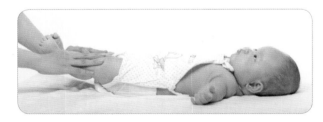

1 双手四指紧贴在孩子的膝关节，两拇指按在孩子的腓肠肌上，使孩子的双腿伸直。

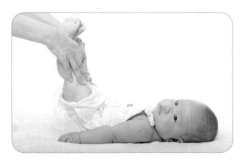 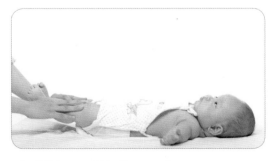

2 缓缓上举，使孩子的双腿与身体呈 90 度角。

3 慢慢还原，重复做 3~5 次。

最好的早教是陪孩子玩

 认识游戏 看画片

游戏目的：

让孩子学习凝视，以培养孩子对图像的记忆和分辨等能力。

游戏准备：

用15厘米 × 20厘米的硬纸板制作黑白画片，可以画些人脸、条纹、同心圆或棋盘等。

游戏这样做：

❶ 妈妈将图片置于孩子眼前20～30厘米处，让孩子观看。

❷ 当看到孩子将视线移开时，更换下一张图片。

❸ 看3幅图片即可休息。

 玩具和孩子的最佳距离为 20~38 厘米

新生儿由于通过眼睛接收视觉信息的视觉神经细胞还没有发育成熟，看到的只是光和影。他们视线的最佳距离在20～38厘米，也就是说，孩子吃奶时刚好能看到妈妈的脸。所以，在玩此类游戏时，玩具离孩子的距离不能超过38厘米。

梁大夫零距离育儿问答

1 母乳喂养的新生儿还用喂水吗？

梁大夫答： 一般情况下，母乳喂养的孩子，如果母乳充足，在 6 个月内不必增加任何食物，包括水。母乳含有孩子从出生到 6 月龄所需要的蛋白质、脂肪、乳糖、维生素、水分、铁、磷等营养物质。母乳的主要成分是水，这些水分能够满足孩子新陈代谢的全部需要，不用额外补水。

2 夜间喂奶需要注意什么？

梁大夫答： 避免光线过暗，否则妈妈不容易观察孩子的状态，如孩子是否溢奶。妈妈在困倦状态下喂奶，很容易忽视乳房是否堵住孩子的鼻孔，应等到清醒一点再喂奶。3 个月以前，孩子夜间吃奶频繁，随着月龄增长，夜间睡眠时间延长，吃奶次数就少了。

3 必须给孩子戴手套吗？

梁大夫答： 不用。因为手套主要作用是防止孩子的指甲挠破脸部，如果孩子指甲修剪得当，是不存在这种情况的。此外，孩子戴着手套不利于双手运动以及感知觉的发展。

4 怎样判断新生儿的穿戴是否合适？

梁大夫答： 触摸孩子颌下颈部或后背，感觉较暖，就说明给孩子穿戴和覆盖已够。由于婴儿心脏收缩的力量相对成人较弱，正常情况下血液到达手指和脚趾相对较少，就会稍凉，如果过于暖热，反而说明给孩子穿戴或覆盖过度，所以不要通过感受孩子手脚的温凉而判断其穿戴是否恰当。最简单原则就是与父母穿得一般多，甚至稍少一些。

5 新生儿需要枕头吗？

梁大夫答： 新生儿的颈部还未出现生理弯曲，是不需要用枕头的，但因新生儿胃呈水平位，贲门括约肌发育尚未完善，吃奶后马上平卧很容易发生溢奶、呕吐，甚至误吸呕吐物。为防止新生儿吐奶，可把其上半身——头部、颈部、背部一起略垫高约 30 度，相当于孩子小拳头的高度即可。需要注意的是，应当把孩子的肩部、背部和头部都垫起来，而不仅仅是将头部垫高，以免生硬地弯曲孩子的颈部，导致孩子呼吸道气流不畅，影响脊柱发育。

6 妈妈怎样防止出现乳头湿疹？

梁大夫答： 乳罩下垫一块纱布，勤更换，并定时露出乳房，风干乳头。也可在乳头上涂抹鞣酸软膏或凡士林，使乳汁不易浸湿乳头，防止湿疹。如已经出现湿疹，可用皮炎平软膏或氟美松软膏涂抹患处，但应在喂奶前清洗干净，以避免孩子食入。

7 新生儿能竖着抱吗？

梁大夫答： 新生儿肌肉发育尚不完善，尤其是支撑头部和脊椎的肌肉尚未发育完善，不能支撑头部，也不能使脊椎保持直位。所以，新生儿不宜竖着抱。如果需要竖着抱，一定要注意托住新生儿的头部和脊椎。

8 夏天坐月子，能使用空调、电扇吗？

梁大夫答： 在炎热夏季坐月子，空调和电扇是可以使用的。但是要注意以下几点：室内外温差要小于 7℃；空调的冷风口或电扇不能直对着产妇和新生儿；室内温度最好控制在 24～26℃。

第2个月：
会熟练吸奶了

不该留下
遗憾的事儿

缺乏经验，
差点把孩子饿着

好遗憾呀

宝妈： 刚怀上大宝的时候，总是觉得才给孩子吃了没多会儿，孩子怎么又哭上了，就以为是别的什么事儿惹得他哭，也换了尿布、量了体温，都没什么异样，就纳闷孩子这是怎么了，别的差不多大的孩子体重身长噌噌地长，可我的宝宝却生长较慢。直至半个月后，孩子的姥姥来看他，说可能是给饿着了，一般孩子一天要给吃8~12次奶才够。而我可能奶水不够，建议给他加点奶粉。

关注孩子的生长速度，多
了解育儿知识

不留遗憾

梁大夫： 许多第一次做妈妈的人，由于在孕期没有了解和学习育儿知识，也没有请有经验的人帮忙指导，难免会出现这样那样的问题。所以，妈妈最好在孕期多学习育儿知识，少走弯路。一般情况下，新生儿奶量以30~60毫升/次为佳，一天哺乳8~12次。随着孩子的生长，消化能力逐渐完善，可逐渐增加奶量。

母乳喂养过于刻板

好遗憾呀

宝妈：怀孕时，我就了解到母乳对孩子的重要性，所以即便老公要买点奶粉备用我也不让。生了孩子后，我坚持母乳喂养，虽说我也知道自己的奶水可能不太够，孩子好像总也吃不饱；并且我总是要到了时间点才给他吃奶，有时他饿得哭累了，等我给他吃奶的时候他只吃两三口就睡着了。现在我产假即将结束，孩子还未能接受奶瓶。就这样，孩子在半岁以前比较瘦弱，为了这，老公数落我好多回，说我太刻板。

按照孩子的需求来喂养

不留遗憾

梁大夫：孩子不会说话，饿了、尿了、渴了……全靠哭来表达，如果妈妈在育儿过程中过于刻板、什么事都按部就班是不科学的。因为每个孩子的需求并非是教科书那样的，而是各有各的需求。每位妈妈的身体素质是不一样的，大部分妈妈都能产出自家孩子需要的足够的奶水，而有的妈妈因为体质的原因无法分泌足够的奶水，这就需要配合奶粉喂养。只有孩子吃饱吃好了，才有可能有好的生长发育和免疫力。

给孩子睡硬枕头，结果偏头了

好遗憾呀

宝妈：还没生孩子的时候，我就听说要给孩子睡好头形，而睡好头形的关键在于要制作一个比较硬的枕头。于是，我自制了一个绿豆枕头，孩子一出生就给他睡上了。谁知道，孩子睡觉的姿势不好控制，他总喜欢把头偏向一边睡觉，而枕头又硬，孩子的头骨偏软，没想到一来二去竟给把头睡偏了。直到后来孩子长大了都还有一点偏的感觉，我后悔极了，真不该给孩子睡那么硬的枕头！

新生儿睡觉是不需要枕头的

不留遗憾

梁大夫：过硬的枕头容易使新生儿的颅骨产生变形，主要是由于骨缝尚未闭合，当它受到挤压时，会出现骨缝重叠或者分离，使头形发生变化，出现所谓的"扁头"或者"偏头"。刚出生的孩子，脊柱平直，平躺时背和后脑勺在同一个平面，颈、背部肌肉自然松弛，侧卧时头与身体也在同一平面，所以，新生儿睡觉是不需要枕头的。

2 个月孩子的发育指标

指标	体重（千克）	身高（厘米）	头围（厘米）
男宝宝	5.05~6.38	56.5~61.0	37.6~40.2
女宝宝	4.65~5.86	55.3~59.6	36.8~39.3

2 个月孩子的神奇本领

直立位及俯卧位时能抬头，俯卧抬头能离开床面30秒。

发现某种声音会有所反应。

轻轻拉着孩子的手腕坐起，与第一个月相比，他的头不会马上倾倒，能竖直2~5秒，但很快会垂下去。

自己会表示兴奋、苦恼、高兴，并能以吸吮的方式使自己安静下来。

用带柄的玩具碰孩子手时，他能握住玩具柄2~3秒。

对孩子讲话时，他能集中注意力，还能发音回应。

快速生长期，营养要跟上

母乳喂养进入了良性阶段

这个月，孩子所需要的奶量不断增加，吸吮力增强，已经习惯妈妈的乳头大小，妈妈喂奶的姿势也比较自然了，从这个时候开始进入良性喂奶阶段。

继续按需哺乳的原则

在喂哺孩子时，不要机械规定喂哺时间，继续按需哺乳。

这个月，孩子基本可以一次完成吃奶，中间很少休息停歇，吃奶的间隔时间也长了，一般2.5~3小时一次，一天7次左右。但并不是所有的孩子都是如此，有的孩子2小时吃一次也是正常的，4小时不吃奶也非异常。有的孩子可能晚上要睡长觉了，但有的孩子晚上还要吃几次奶，只要继续按需哺乳就好。

妈妈要保护好乳头

这个时候孩子对周围的事情越来越有兴趣了，有时听到有趣的声响，还没来得及吐出乳头，就迅速将头掉转过去，结果把乳头拽得很长，妈妈就会感到乳头疼痛。因此，妈妈在喂奶时，要注意固定好孩子的头部，不要让孩子头部架空，要把孩子的头放在臂窝里，用前臂稍微挡住后枕部，让孩子在突然回头时，幅度不至于太大，减少乳头的损伤。

不要放弃母乳

2~3个月的孩子仍然是以母乳为最佳食品，不要轻易放弃母乳喂养。乳汁不足的妈妈可以用下面的方法来增乳：

心理调整

妈妈要相信自己有能力喂哺孩子，要多和孩子接触，孩子的皮肤、动作、表情和气味等都是催乳素分泌的促进剂。

多多吸吮

将孩子放在妈妈身边，一旦需要就给孩子喂奶，夜间间隔可以稍微长点。另外，还要适当延长每侧乳房的喂奶时间，尽量吃空。

食物催乳

民间有不少的催乳食疗方，如鲫鱼汤、猪蹄炖花生、酒酿鸡蛋汤、丝瓜排骨汤等，可以根据自己的情况尝试。

如何防止人为混合喂养儿的产生

孩子的吸吮能力增强，吸吮速度加快，吸吮一次所吸入的乳量也增加了，相应吃奶的时间缩短了，但妈妈不能就此判断奶少了，不够吃了。如果妈妈因此而给孩子添加配方奶，橡皮奶头孔大、吸吮省力，奶粉比母乳甜，结果孩子可能会喜欢上奶粉，而不再喜欢母乳了。母乳越刺激奶量就越多，如果每次都有吸不净的奶，就会使乳汁的分泌量逐渐减少，最终造成母乳不足，人为造成混合喂养。

添加配方奶的依据

母乳是否充足，一定要根据孩子的体重增长情况分析。如果孩子一周体重增长低于 150 克，有可能是母乳不足，可以尝试添加配方奶。添加配方奶推荐采用补授法，即每次吃奶时首先吃母乳，如吃空两侧乳房后孩子还不满足，再添配方奶，加奶量根据孩子需求量酌情添加。

孩子一吃就拉别急着换尿不湿

人们都说，孩子是直肠子，一吃就拉。这时候，不要急于换尿不湿，否则会打断孩子吃奶，导致吃奶不成顿，还容易加重溢奶，也增加了护理的负担。所以，应该任其去拉，等孩子吃完奶再换。孩子吃完奶后睡着了，也不要马上换，没睡着的话，可以拍嗝后再换。需要注意的是，这样的孩子容易发生尿布疹，可以在洗净臀部后涂抹一些鞣酸软膏，能防止红臀。

如何保护孩子的囟门

前囟门和后囟门什么时候会关闭

孩子的头顶部有一个柔软的、有时能看到跳动的地方，就是囟门。刚出生时，颅骨尚未发育完全，有一点缝隙，在头顶和枕后有两个没有颅骨覆盖的区域，就是人们通常所说的前囟门和后囟门。

孩子出生时，前囟门大小约为1.5厘米×2厘米，平坦或稍有凹陷；孩子1~1.5岁时，前囟门完全闭合。后囟门性子比较急，在孩子1~2个月时闭合。

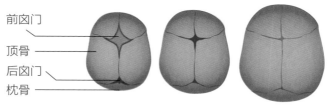

前囟门
顶骨
后囟门
枕骨

囟门闭合的过程

保护囟门的2个方法

剃锅铲头、戴帽子，保护囟门

给孩子剃头时，即使剃光头，也最好留一簇头发在囟门处，这种锅铲头可不是为了凸显造型，主要是为了保护囟门少受伤害。

触摸前囟门不会变哑巴

不少人认为，前囟门是孩子的命门，不能触摸，触摸了，孩子会变成哑巴。这种说法是不科学的。但前囟门没有颅骨，要注意保护，不要随意触摸孩子的前囟门，更不能用硬的东西磕碰前囟门。

孩子外出时，最好戴上帽子。夏季外出戴上遮阳帽，冬天外出戴上较厚的帽子，在保护囟门的同时又减少了热量的散失。此外，注意别让剪刀、铅笔等伤到囟门。

洗澡时，做好囟门的清洁

建议在给孩子洗澡时，用手指蘸温水平置在囟门处轻轻揉洗，不要强力按压或强力抓挠，更不要用利器乱刮。如果孩子的囟门处头皮缺乏护理和清洗，污垢堆积，硬生生憋出一个脂溢型湿疹，可愁坏爸妈了。此时，可以将囟门用温水湿润浸透2~3小时，等待污垢慢慢变软，然后用棉球蘸点食用油，按照孩子头发的生长方向擦掉。可能一次擦不干净，多擦拭几次就好了。

孩子睡觉时需要注意这 4 件事

孩子睡觉时，家人不需要蹑手蹑脚

当孩子睡觉时，有些妈妈会要求家人走路蹑手蹑脚，不能发出任何声响，怕打扰孩子睡觉。实际上，孩子在睡觉时，只要适当放小音量就行，保持一定的生活声音是可以的。如果孩子养成必须在完全安静的环境下才能睡觉的习惯，会让其睡觉不踏实，有点轻微响动就会惊醒，不利于提高孩子的睡眠质量。

睡梦中不要一哭就抱

有些孩子会在睡梦中突然哭起来，这时不要立马抱起孩子，父母可以反应慢半拍，让孩子自己去适应，或是采取以下方法让孩子安然入睡：

1 用手轻轻抚摸孩子的头部，一边抚摸一边发出单调、低弱的"哦哦"声。

2 将孩子的手臂放在胸前，保持在子宫内的姿势，也能让孩子产生安全感，很快就能入睡。

不宜摇晃哄睡

一些孩子哭闹不停，妈妈就会抱着摇晃着孩子让其入睡。其实，这种做法是不对的，因为过分摇晃会让孩子大脑受到一定的震动，影响脑部的发育，严重的会使尚未发育完善的大脑与较硬的颅骨相撞，造成颅内出血。所以不宜摇晃哄睡，特别是 10 个月以内的孩子。

不要让孩子含着乳头睡觉

孩子正处于快速生长期，很容易出现饿的情况，所以夜间会吃两三次奶。但需注意不能让孩子含着乳头睡觉，否则既会影响孩子睡眠，难以让孩子养成良好的吃奶习惯，还容易造成窒息。此外，还会导致妈妈乳头皲裂。

适当引导大宝为小宝创造合适的睡觉环境

当小宝要睡觉时，妈妈要适当引导大宝保持安静的环境，虽然不需要静音，但也不要大声说话、嬉笑，让电视音量过大等，顺便激发大宝对小宝的照顾之心。

夜间护理有讲究

孩子夜间可能遇到的问题和解决办法

- 饿了，渴了——需要给孩子喂奶或喂水。
- 大小便了——需要及时换尿布或纸尿裤。
- 过冷或过热——增减衣物。
- 衣服不舒服——调整衣服的松紧，抚平皱褶。
- 被蚊虫叮咬了——抹点止痒水，帮孩子按摩皮肤，安抚孩子。
- 突发疾病——查看孩子体征，及时处理紧急情况。

夜里，孩子哭了，判断是哪种问题，完全靠妈妈的细心程度。晚上如果喝奶少，可能是饿了；小嘴不停舔嘴唇，可能是渴了；摸摸尿布或纸尿裤，感觉很重，应该是尿了，闻起来臭臭的，就是拉了；摸摸脑袋，出汗多了，是热了，或者老蹬小被子，就需要及时减衣物；不停挠一个部位，就要看看是不是被蚊虫叮咬了。如果排除以上原因，还是哭不停，就要考虑是不是生病了。

夜间护理要做哪些准备

环境调适

睡前开窗通风 30 分钟，睡觉时最好将窗户关起来，如果开窗睡觉，别让孩子睡在风口，避免穿堂风。

别让孩子裸睡。天冷时，可以给孩子穿透气性好的睡衣或使用睡袋；天热时，可以穿兜肚，或用薄单盖住孩子的肚子。

夜间护理用品

1.哺乳用品：如果是母乳喂养，只要准备擦拭乳房的干净毛巾；人工喂养需要准备消过毒的奶瓶、奶粉等哺乳用品，并将它们放在方便取拿的地方。

2.衣物：晚上孩子睡觉，最好穿纸尿裤，这样小便时就不用每次都起来，可以中间更换一次。如果孩子晚上大便了，就要起来清洗屁屁、换纸尿裤。

3.安抚用品：如果孩子很依赖安抚奶嘴等，爸妈就应该把安抚奶嘴放在离床边不远的地方，以便安抚半夜醒来的孩子，让他尽快再次入睡。

前3个月最适合
为孩子塑造漂亮的头形

前3个月是塑造孩子头形的关键期

很多孩子在刚出生时，头形都有点偏、有些轻微的不对称，特别是顺产的孩子。这是因为自然分娩经过产道受到了一定的挤压，导致头形有点偏。加上孩子睡觉如果总是同一个姿势，也容易导致孩子的头形不对称。

在前3个月，孩子的囟门尚未闭合，头形相对来说还没有定型，孩子的不良头形还可以得以矫正。当囟门闭合后，头形就很难再有所改变了。

尽量让孩子多趴着，提高颈部力量

孩子刚出生时，头颈是软的，完全没有控制力量，可以让他适当趴一趴。别看这小小的趴，能增强孩子的颈部力量，孩子的头部可以自由转动，视野也变宽了，还可降低发生偏头的概率。

当孩子精神状态好的时候，在家人的看护下让他趴一趴。孩子刚开始趴的时候，一次可能只有几秒钟，2~3个月时，孩子就可以很好地昂起头趴在床上了。不过，趴着虽然对孩子好处多多，但也别强迫训练，应该让孩子自己掌控每次趴的时间。

如何检查孩子的头形

爸爸妈妈在家要经常检查孩子的头形，问题发现得越早，就越容易矫正。最简单的检查方法，就是从上往下看孩子的头形，用这种方法很容易看出孩子的头形是否对称、是否圆润。

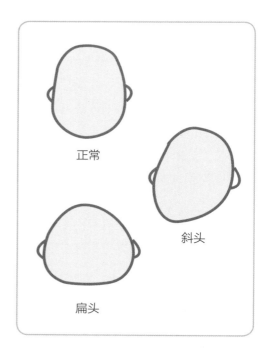

正常

斜头

扁头

试试给孩子换个睡觉方位

孩子一天中的大部分时间都在睡觉，要抓住他们睡觉的机会调整头部的位置，也可以轮换睡床头、床尾，或者变换婴儿床的位置。此外，也可以试试改变房间里张贴画或玩具的位置，鼓励孩子转头看不同的方向。

醒着的时候多抱抱

孩子睡偏头，跟长时间一个姿势躺着有很大关系。所以，当孩子醒来时，爸爸妈妈不妨多抱抱孩子，竖抱、左右手换着抱等，让孩子的后脑勺不会总是受压状态。

如有斜颈，尝试颈部拉伸和按摩

导致孩子偏头还有一个更深层次的原因就是颈部肌肉僵硬或斜颈，即孩子的一边颈部肌肉僵硬，因此无法让头部转向这边。孩子是否颈部肌肉僵硬或斜颈，最好找医生确认。如确认，应对的最好方法就是拉伸和按摩。当孩子醒着时，让他平躺，用手轻轻将孩子头颈向用得少的那边转过去，然后用手压住停留几秒。注意手法要轻，如果孩子哭了就要马上停止。为了让孩子配合，可以一边转头，一边对孩子唱歌或讲故事等来分散其注意力。这些都应当在专业医生的指导下进行。如果斜颈情况较严重，还需通过手术等矫治。

定型枕作用不大

用定型枕来预防或纠正偏头，作用有限，有时会增加孩子睡眠窒息的风险。偏头常见于小月龄的孩子，尤其是 4 个月还不能自如翻身的孩子，较软的枕头很容易堵住孩子的鼻子，造成睡眠窒息。对于偏头的孩子，只要锻炼孩子对头部的控制，注意调整孩子的睡觉姿势和抱孩子的姿势，并进行颈部的适当按摩，就能得到矫正。

感觉统合训练，越早开始越受益

什么是感觉统合

人们之所以可以感知这个世界，正是因为大脑可以接收到这个世界丰富多彩的信息。通过眼睛，人们看到了色彩斑斓；通过耳朵，人们听到了大自然动人的声音；通过鼻子，人们闻到了妈妈做的饭菜香；通过舌头，人们品尝到了口齿留香的美味；通过前庭，人们掌握了平衡；通过皮肤，人们感触到冷热痒痛。

人们的眼睛、耳朵、鼻子、舌头、前庭和皮肤都是接受外界信息的器官，接收到的信息通过这些器官内的神经组织传递给大脑，然后各种画面、声音、味道、感觉才会在大脑中被感知，接着会进一步指挥人们的身体：如走在平衡木上会不由自主地张开双臂，吃到酸的食物会开始分泌唾液等。

所谓感觉统合（简称感统），就是将人体器官的各部分感觉信息组合起来，经大脑统合作用，然后做出反应。简单来说，就是人们对外界信息的接受、处理、输出的过程，感觉统合是一个正常大脑必备的功能。

感觉统合失调有哪些表现

感觉统合失调的孩子，会对普通孩子觉得正常的外界刺激产生比较极端的反应，如不喜欢被接触（触觉失调），听到一点点声音就被吓到（听觉失调），坐在车上看到车水马龙的马路就会很快睡着（视觉失调）等。长大一点，会出现多动、注意力不集中、手眼不协调、平衡感较差、语言表达能力较差、容易紧张、害怕陌生环境等现象。

新生儿要特别注意刺激触觉、嗅觉

新生儿会利用吸奶、鼻子摩擦、依偎在妈妈身边等各种瞬间，来和妈妈保持联系。过来人有这样的经验："当孩子哭闹不愿意睡觉时，闻闻妈妈衣服的味道，一会儿就可以安眠。"从某种角度说，这是有一定道理的，触觉在建立孩子基本的依恋关系和安全感上是非常重要的。所以，要多抱抱孩子，尤其是肌肤接触，让孩子成为充满爱与信心的人。

新生儿有时候会手舞足蹈，这也是在发展本体感，即知道自己的身体在哪里，而这些触觉和本体感的早期输入会不断刺激大脑。

因此，多做身体接触，多对着孩子说话，让孩子看清人脸，多播放古典音乐和童谣等，都是比较好的良性刺激。

2~6 个月的孩子，通过抓、尝等来认识世界

孩子经常想抬头、翻身、用手臂撑起，甚至有些孩子想要坐起来。这些都说明孩子的前庭觉（平衡感）—本体觉—视觉的能力已经开始整合。

这个阶段也是孩子的手部感觉发展的敏感期，他会不停地抓弄物品、吃手、转移物品等，在无形中调整着自己的姿势。而触觉和视觉的结合为以后手眼协调能力的发展奠基。因此，在这个阶段，孩子喜欢把玩具放在嘴里吃，爸妈最好别阻止。

7~12 个月的孩子，允许好动，鼓励自主进食

孩子慢慢地会翻滚、会爬行、会扶走了，虽然看起来每个动作还算不上熟练，甚至经常摔跟头，但这代表着孩子的前庭觉、本体觉和视觉的整合将更加复杂与紧密。这些移动扩大了孩子的活动范围，使各种感觉刺激更加复合和复杂，因此，要允许孩子的"好动"。

这个阶段，孩子要学习自主进食了。自主进食对这个阶段的孩子来说，其实需要嘴唇、下巴和口腔内感觉的整合，才能产生适当的咀嚼和吞咽食物的口腔动作，味觉和嗅觉也在其中发挥着重要作用。

1~3 岁的孩子，鼓励孩子模仿和探索

这个时期，孩子很喜欢模仿大人，其实这是增加他们的"动作记忆库"。而且通过模仿学习到的动作，又会带来新的感觉体验。如果孩子认知落后，在这个阶段就会比普通孩子的动作变化少、更呆板。这个阶段的孩子也开始有了动作设计能力，如拿起遥控器做打电话等。自我概念的发展也往往是在这个时期出现，他们更喜欢自我探索，而不是依赖大人划定的范围。

最好的早教是陪孩子玩

 运动游戏 小淘气，踢踢球

游戏目的：

锻炼孩子腿部力量。

游戏准备：

充气塑料彩球一个，也可以用其他类似的充气玩具替代。

游戏这样做：

❶ 用结实的线把彩球挂在婴儿床上方，使孩子抬起脚刚刚能够碰到。

❷ 轻轻抓住孩子的一只小脚丫，抬起来踢一下彩球，对孩子说："小淘气，踢球球，球球撞到脚丫上。"左右脚轮流踢，也可以抓住孩子的双脚同时踢。

❸ 孩子踢到球后，妈妈要鼓励孩子，可以亲亲孩子的小脚丫或者给他一个微笑。

 趣味游戏 条件反射笑笑笑

游戏目的：

孩子越早学会逗笑就越聪明。这个游戏的目的是养成孩子逗笑的条件反射。

游戏准备：

在孩子清醒的状态下进行。

游戏这样做：

❶ 爸爸妈妈抱着孩子，挠挠他的身体，摸摸他的脸蛋，用愉快的声音、表情和动作去感染孩子。

❷ 孩子的目光渐渐变得柔和，而不是像开始时那样紧张。他的嘴角微微向上，露出欢快的笑容。

❸ 等孩子大一点，爸爸妈妈可以拿玩具逗引孩子，或者把孩子抱坐在腿上颠动来逗笑。

 游戏时妈妈需要注意的

早教指南

游戏时，妈妈要注意选择的球不要太大，颜色要鲜艳，最好是单色。应注意控制好球的晃动幅度，以免孩子视线跟不上，影响积极性。另外，妈妈也要多跟孩子进行目光交流，语气要活泼，动作要轻柔。

 爱笑的孩子招人喜欢

早教指南

生活在快乐环境下的孩子会笑得早一些。爱笑的孩子招人喜欢，容易交到朋友和得到支持，将来会生活得更加幸福。

梁大夫零距离 育儿问答

1 孩子睡得很香，用叫醒喂奶吗？

梁大夫答： 不要因担心孩子饿坏而叫醒睡得很香的孩子。睡觉时，孩子对热量的需要量减少，上一顿吃进去的奶量足以维持孩子所需的热量。

2 孩子的头发又黑又亮，长得很快，显得乱蓬蓬的，应该怎样理发？

梁大夫答： 出生1~2个月的孩子头发一般长得慢，有的孩子头发好像被磨掉似的，显得光秃秃的；但有的孩子头发长得很快，显得乱蓬蓬的，就需要将过长的部分剪掉了。最好买一套儿童专用理发用具，在家帮孩子理发。

3 孩子爱用手抓脸，是不是哪里不舒服？

梁大夫答： 快2个月的孩子会用手抓脸，是很正常的现象。孩子小脑尚未发育完善，还不能灵活控制四肢，所以小手才会乱动乱抓。如果孩子的指甲过长，很容易把脸抓出一道道红印。妈妈应经常给孩子剪指甲，剪完再轻轻磨一下，让指甲变圆钝。最好在孩子睡觉的时候用婴儿专用指甲刀剪，注意别剪到孩子娇嫩的肌肤。

4 怎样给孩子清理眼屎？

梁大夫答： 孩子在1~2个月时眼睛容易长眼屎，而且许多孩子由于生理原因，会倒长睫毛，使眼睛受刺激，眼屎会更多。在洗完澡后或眼屎多时，可用脱脂棉蘸点水，由内眼角往眼梢方向轻轻擦，但别划着巩膜、眼球。需要注意的是，如眼屎太多，擦不干净，或出现眼白充血等异常情况时，应到医院检查，看有无异常情况。

第3个月：能抓握东西了

不该留下遗憾的事儿

 捂得太严实，老生病

好遗憾呀

宝妈： 在大冬天每位妈妈都很担心孩子受冻生病。我的孩子是秋天生的，满月之后天气就比较冷，于是早早地就给他穿上厚衣服，把孩子热得满脸通红、背心出汗。可到冬天的时候，屋里开了暖气，我稍微给他减了衣服，没想到一减就吹了凉风感冒了。穿得多的习惯一旦养成，以后再减就容易感冒。于是，我的孩子从小一到天冷就穿得多，直到现在长大了，仍然是这样。这一点让我感到十分遗憾。

 根据后背是否暖和来给孩子穿衣服

不留遗憾

梁大夫： 其实，小孩子的适应力是很强的，即使在冬天，也没有必要捂得过多。俗语"春捂秋冻"，就是要人们提高身体对季节变化的适应能力，这一点小孩子也不例外。判断孩子穿戴是否合适，可经常摸摸他的颈部或后背，冰冷表示穿得有点少，温温的表示穿得正好，出汗或潮潮的则代表穿多了。北方的冬天外面冷，家里因为有暖气反而不冷，所以孩子在家里别捂太多，太多反而不利于提高孩子身体对气温变化的适应能力。

和别人比孩子，总生闷气

好遗憾呀

宝妈：家有孩子，总爱跟别家孩子比，比身高、比体重……我家小宝吃东西总是没有别家吃得好，总感觉长得比人慢半拍。婆婆老说我没把孩子带好，可是我不都是和别人一样带的嘛，啥好的都给小宝吃，只是他吃得少点。我为此也心焦，带他去医院，开了开胃的药，后来觉得效果也不大，就没给他吃。慢慢地，孩子长得跟别的孩子一样壮实了，就觉得当年的闷气生得挺冤的。

不和别的孩子比，多观察生长曲线

不留遗憾

梁大夫：每个孩子的生长发育都有自己的规律，家长不必和别人家的孩子比较。孩子的生长发育有其科学规律，一部分来自于遗传，一部分来自于后天的营养跟锻炼，所以，不要纠结自己的孩子跟别人的孩子总不同，用一种平常的心态和放松的心情来对待孩子的成长。只要孩子身心健康，符合自己的生长规律，以现在的生活条件正常发育基本不是问题，家长不用过于焦虑。

有了孩子，忙得牺牲自己的休息

好遗憾呀

宝妈：据调查显示，每个新妈妈在带孩子的第一年里都要牺牲掉 400～750 小时的睡眠。这无疑是爱的付出，我在孩子 3 个月时因为太紧张他，常常整夜整夜地睡不好。夜里喂奶你得醒、尿了哭了你得醒、大半夜哭闹折腾你得醒，我也是累得没谁了。记得有一次，我太累而没盖被子就睡着了，得病倒下了。幸亏家里来人帮忙，我才缓过来，现在想起来，那时都忙得牺牲了自己的休息，伤到了身体，对孩子也不利。

懂得适当休息的妈妈才能更好地带孩子

不留遗憾

梁大夫：养育宝宝不仅是一个付出爱心的过程，也是一个相当艰巨的过程。家里最好有有经验的人做帮手，这样妈妈可以在孩子睡觉的时候尽可能多休息，或者至少在周末睡个好觉。妈妈们要记得，自己休息也是为了孩子。

3 个月孩子的发育指标

指标	体重（千克）	身高（厘米）	头围（厘米）
男宝宝	5.97~7.51	59.7~64.3	39.2~41.8
女宝宝	5.47~6.87	58.4~62.8	38.3~40.8

3 个月孩子的神奇本领

拉着孩子的手坐时，头能竖起，但微微有些摇晃，并向前倾。

经常把手放到嘴里吮吸，并喜欢将手中的东西放进口中。

抬头时，下巴能离开桌面5~7.5厘米，角度达45度。

双手能在胸前互握了；会选择用身体的某一部分来操纵响铃。

在妈妈帮助下，自己能翻身（由俯卧变成仰卧）。

抱着孩子来到桌边，然后把醒目的玩具放在桌子上，他很快就能注意到玩具。

孩子的食欲好了，知道饥饱了

多数孩子知道饥饱

此时的孩子，每天所需的热量是每千克体重 90 千卡。在实际操作中，妈妈会发现，计算孩子的食量没有必要，因为大部分孩子都知道饥饱，按照他们的食量正常喂养即可。

母乳喂养的间隔时间应适当延长

由于孩子胃容量的增加，每次喂奶的量增多，喂奶的间隔时间相对延长，由原来的 2~3 小时延长到此时的 3.5~4 小时。人工喂养的孩子，每 3~4 小时喂奶一次，如夜里睡长觉，就可以减少一次夜奶了。

夜晚哺乳的次数减少

每天哺乳的量逐渐增加，哺乳时间也逐渐有了一定的规律。虽然不能中断夜间的哺乳，但可以慢慢减少哺乳的次数。在孩子临睡前充分喂饱后，通常夜间哺乳的间隔会延长至 5~6 小时，从而让孩子睡得更好，有利于生长发育，而且也能让妈妈有充足的时间休息。这个时期，孩子 5~6 小时不吃奶没问题，因此不用担心孩子会饿着。

分清孩子是想玩耍还是想吃奶

这个月的孩子醒来的时间更长了，想要人陪着玩，如果妈妈不懂得孩子的意愿，有的孩子就会哭。所以当孩子哭闹的时候，妈妈不要简单认为他饿了而给孩子喂奶，或者担心自己的奶量不足而随意添加配方奶。

人工喂养的孩子要增加奶量

此时孩子的胃口较好，喂奶量从以前的每次 100 毫升左右可以增加到 120 毫升以上。每天吃 6 次的孩子每次喂 120 毫升左右，每天吃 7 次的孩子每次可以喂 100 毫升左右。当然，具体喂奶量还要根据孩子的食量而定。

安抚奶嘴怎么用

安抚奶嘴有哪些好处

　　哄娃神器，孩子大哭时，一塞秒停；孩子想睡时，一塞秒睡。

安抚奶嘴的弊端

满足吸吮需求，防止过度喂养

戒安抚奶嘴比戒吃手指容易

防止孩子吃手

锻炼孩子的吸吮能力

预防新生儿睡眠猝死

容易产生依赖，不好戒断

可能造成乳头混淆，影响孩子吃母乳

可能会影响牙齿发育和排列

安抚奶嘴要挑孩子喜欢的

　　孩子对安抚奶嘴的大小和形状很挑剔，开始时，可以多给孩子试用几个不同形状、不同大小的安抚奶嘴，观察孩子的反应，直到选到满意的为止。如果孩子已经过于依赖吸吮手指，妈妈可将乳汁涂在安抚奶嘴上，使孩子喜欢上安抚奶嘴，慢慢戒除吸吮手指。

多大的孩子能用安抚奶嘴

6个月以内的孩子更需要安抚奶嘴的帮助。当孩子感到饥饿、疲惫、烦躁或是试图适应那些对他来说新鲜又陌生的环境时，需要特别的安慰和照顾。如果爸爸妈妈已经尝试了喂奶、轻轻晃动、轻拍背部、温柔抱抱、听美妙的音乐或歌声等，还不能使孩子平静下来，这时就应该考虑使用安抚奶嘴了。

吸吮手指和安抚奶嘴相比，前者对牙齿的影响更严重。安抚奶嘴由盲端奶头和扁片组成，盲端奶头可以预防孩子吞咽较多的空气，而扁片可以通过反作用力的方式缓解孩子吸吮造成对牙齿和牙龈的不良影响。

正确使用安抚奶嘴 7 要点

1 应在孩子6周之后用，否则可能会干扰孩子学习正确的乳头含接技巧。

2 安抚奶嘴是爸妈照顾孩子的辅助品，而不是替代品。

3 安抚奶嘴尽可能用和妈妈乳头形状相似的。

4 在睡前使用，等孩子进入深睡眠就拿开。

5 及时更换新奶嘴。有裂纹、有小孔以及部件不齐全的安抚奶嘴需要及时更换。最好2个月就换一次，如果孩子吸吮的力量很大，更换更要频繁。

6 不要在安抚奶嘴上系绳子。过长的绳子有缠绕孩子颈部或胳膊的危险，导致发生意外。

7 提防孩子将安抚奶嘴咬掉、咽下，阻塞气管，发生窒息。如果怕孩子总是咬安抚奶嘴，就要给他准备磨牙的安抚奶嘴。

最好从 6 个月开始戒

从孩子6个月开始，就要有意识地减少安抚奶嘴的使用频率。这时候的孩子开始学习坐、爬等技能，这些不断增长的技能和控制能力，让他们觉得很满足。于是，安抚奶嘴就不那么重要了。很多孩子即使平时不再用安抚奶嘴了，但睡觉时仍然要用。如果是这种情况，要适当延长安抚奶嘴的使用时间，但最晚不要超过2岁。如果孩子2岁了，还不能改掉这个习惯，可以采用"强制"的手法，如外出旅游、换居住地等，让安抚奶嘴"突然"消失。虽然头几天孩子会不适应，但这个过渡不会太难，爸妈不用过分焦虑。

呵护孩子娇嫩的小屁屁

怎样预防红臀

孩子大小便次数较多，尤其是母乳喂养的孩子，有时候每天大便六七次。屁屁一定要呵护好，否则容易出现红臀。可以用下面的方法来预防红臀：

1 及时更换尿布或纸尿裤，避免屁屁长时间受到刺激。

2 如果给孩子用的是尿布，一定要质地柔软，应用弱碱性肥皂洗涤，并在阳光下曝晒杀毒。

3 纸尿裤要选择品质好、吸水性强、柔软且无刺激性、透气性好的。

4 大便后，要用清水冲洗一下小屁屁，并用干爽的毛巾沾干水分，让孩子的臀部在空气中晾一下，待干后再包上尿布或纸尿裤，使皮肤干燥。

出现红臀怎么办

可用护臀霜或鞣酸软膏，使用时注意只用很少一点点。在孩子的屁股上（绕开生殖器）非常薄地涂抹一层，然后轻轻拍打周围的皮肤帮助吸收。涂抹得过多过厚，容易造成毛孔堵塞，反而会加重红臀。

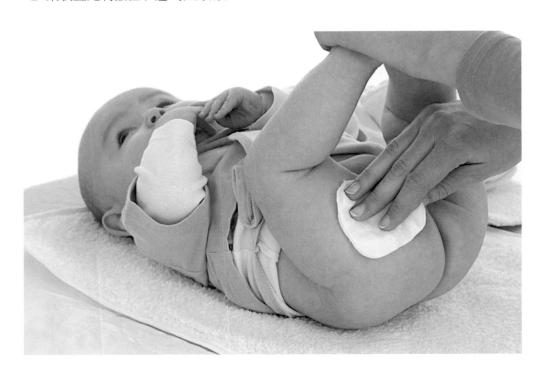

如何训练孩子翻身

翻身可以训练孩子脊柱和腰背部肌肉的力量，训练身体的灵活性。通过翻身，孩子还可以从不同的角度观察外部世界，既扩大了孩子的视野，也提高了孩子的认知能力。孩子在 3 个月就可以开始练习翻身，不过此时只是让孩子感受翻身的动作，4~6 个月才是真正训练翻身的时候。多数孩子 6 个月时能熟练地从仰卧翻成俯卧位，有的孩子可能延迟到 8 个月才完成。

孩子翻身训练这样做

1 训练翻身时，先将孩子的右臂上举（或者紧贴在胸腹部的右侧），把孩子的左腿搭在右腿上，扶着孩子的左背部，轻轻向右推，孩子整个身体就向右侧翻身 180 度呈俯卧位，再扶着孩子的左肩和左臀部，轻轻向左推，孩子整个身体就向左侧翻身 180 度，又呈仰卧位。

2 将孩子的左臂上举（或者紧贴在胸腹部的左侧），将孩子的右腿搭在左腿上，扶着孩子的右背部，轻轻向左推，孩子的整个身体就向左侧翻身 180 度呈俯卧位，再扶着孩子的右肩和右臀部，轻轻向右推，孩子的整个身体就向右侧翻身 180 度，又呈仰卧位。

训练翻身需要注意的

1 在训练孩子翻身时，应先从仰卧位翻到侧卧位，再回到仰卧位，一天训练 2~3 次，每次训练 2~3 分钟。

2 如果孩子穿得太多或太胖，会影响翻身动作的掌握。

3 练习翻身时需要选用硬板床，不要在席梦思软床上训练。

4 训练时间应选择在两次喂奶之间、孩子睡醒时。

5 父母协助的动作一定要柔和，不要伤着孩子的肢体。

6 当孩子掌握了翻身动作，也就面临有可能发生坠床的危险，这时父母就不能把孩子单独放在床上了，要预防意外发生。

练习时注意照顾孩子的情绪

刚开始有可能对翻身一点儿欲望都没有，不妨玩玩小游戏，增加孩子翻身的兴趣。当孩子翻身成功后，要及时亲亲孩子或者夸奖他，这样孩子才有兴趣并且乐于重复翻身动作的训练。

"EASY"和"4S"哄睡法
帮助孩子规律作息

什么是 EASY 程序育儿法

"EASY"是一组英文词的大写字母缩写：E 是进食 eat，A 是活动 activity，S 是睡觉 sleep，Y 是妈妈自己 you。EASY 程序育儿法，其实就是培养孩子"吃—玩—睡"这一规律作息节奏。每一轮"吃—玩—睡"就是一个周期。孩子白天会重复好几轮"EASY"，直到晚上睡觉。

建议一般情况下，3 个月内的孩子 3 小时一周期，4~8 个月的孩子 4 小时一周期，到 9 个月的时候差不多 5 小时一周期。

执行"EASY"，要灵活运用，坚持坚持再坚持

刚开始认真执行的妈妈们，肯定都会盯着作息表。孩子达到了，开心不已；孩子没达到，又无比焦虑。要知道，孩子不是机器人，而且每个孩子都有自己的特点，没办法完全按照制订的作息表那样精确执行。所以，执行"EASY"时，要规律地安排孩子的作息，但并不是要求掐表来安排孩子的作息。

EASY "吃—玩—睡"这个节奏并不难实现，难就难在是否可以每天都坚持下来。这就跟培养习惯一样，"一个习惯的养成需要 21 天"，而孩子养成规律作息的好习惯，时间可能会更长。

EASY 程序育儿法的核心是这几件事情的顺序，也就是从第一天开始，当孩子醒来时，先进食，再让他玩一会儿，接下来是睡觉。孩子睡觉时，妈妈可以享受自己的美好时光。下面介绍一下 3 小时的 EASY 程序。

EASY 只是一套常规程序，生活中需结合孩子的情况适当调整。如孩子睡了 1 小时就醒了，又还没有到喝奶的时间，那么可以先和孩子玩一会儿，到了喂奶时间再喂奶。

3 小时 EASY 程序

E：7：00 起床喂奶

A：7：30 或 7：45 活动（根据喂奶时间）

S：8：30（1.5 小时上午觉）

Y：妈妈自己的时间

E：10：00 喂奶

A：10：30 或 10：45 活动

S：11：30（1.5 小时午觉）

Y：妈妈自己的时间

E：13：00 喂奶

A：13：30 或 13：45 活动

S：14：30（1.5 小时下午觉）

Y：妈妈自己的时间

E：16：00 喂奶

S：17：00~18：00 小觉（大概 40 分钟）

E：19：00 喂奶（如果孩子在快速生长期，需要在 7 点和 9 点密集喂 2 次）

A：洗澡

S：19：30 睡觉

Y：晚上时间就是妈妈的了

如果孩子晚上还需要喂夜奶，喂好就让孩子继续睡，不需要进行 EASY 程序。

"4S"哄睡安抚法

"4S"哄睡安抚法包括睡眠环境布置 seting the stage、裹襁褓 swadding，静坐 sitting，嘘拍 shush-pat method。每次重复同一程序，就是建立睡眠联想条件反射的关键。"4S"哄睡法最好在孩子出生后就开始实施，越早建立睡眠条件反射效果越好。"4S"哄睡法的具体步骤是：

1 给孩子营造一个安静的睡眠环境。

2 裹襁褓，就是用棉布、毛毯等包裹孩子，可以增强他的安全感，还能保暖，让他睡得安稳。

3 静坐，其实就是陪孩子安静地待会儿，培养他的睡眠情绪。

4 嘘拍法，就是孩子安静后，抱着他，在他耳边轻轻发出"嘘嘘"声，同时拍他的后背，等到孩子有点闭眼睛了，就把他放到小床上，再嘘拍一阵，他就睡了。

最好的早教是陪孩子玩

 感觉游戏 有趣的手指操

游戏目的：

发展孩子手指触觉，并练习让孩子的五个手指放松与张开。

游戏准备：

孩子睡醒或刚洗完澡情绪良好时。

游戏这样做：

❶ 妈妈用自己的大拇指和食指轻轻地抚摸揉捏孩子的每一根手指和脚趾。

❷ 一边捏，一边给孩子唱儿歌："大拇哥，二拇哥，中轱辘，四小弟，五小妞，爱看戏。"

 爸妈要多抱孩子

早教指南

研究表明，稳定的触觉经验会让孩子产生愉悦的情绪，更有安全感，所以爸爸妈妈有机会就要多抱抱他、拍拍他或给他做按摩，这样有助于稳定孩子情绪、增进亲子感情。

语言游戏 铃儿响叮当

游戏目的：

锻炼孩子的听力以及脖子的扭动力。

游戏准备：

准备一个摇铃。

游戏这样做：

❶ 妈妈抱着孩子，爸爸用一个声响柔和或清脆的摇铃在孩子头部的左侧或右侧轻轻摇动，观察孩子的反应。

❷ 当孩子转过头来找声音的来源时，将摇铃换到孩子的另外一侧，躲避孩子的视线。

❸ 反复几次后，让孩子发现摇铃。摇动摇铃发出有节奏的声音，让孩子听，并和孩子一起手舞足蹈起来。

 听觉刺激是语言发展的关键

早教指南

俗话说"十聋九哑"，可见语言发展过程中，最主要的刺激因素就是听觉刺激，等到孩子能听辨声音的方向时，他就有了听觉选择。

梁大夫零距离育儿问答

1 孩子脸上起皮，有什么好的解决办法？

梁大夫答： 孩子脸上起皮有可能是湿疹或家中过于干燥。如果是湿疹，可能是捂得太厚或过敏引起的，适当减点衣服会有所改善。另外，孩子长湿疹，尽量不要勤洗澡，洗澡后要用润肤油或润肤霜。如果是干燥引起的起皮，家中要注意加湿，洗脸用温水，洗后涂抹护肤霜。

2 对没有兴趣吃奶的孩子，该怎么应对？

梁大夫答： 实际上，孩子的个体差异很大，有的孩子就是吃得少，好像从来不饿，给奶就漫不经心地吃一会儿，不给奶吃也不哭闹，吃奶的愿望比较小。这样的孩子，妈妈可缩短喂奶时间，一旦孩子将乳头吐出来、转过头去，就不要再给他吃了，过两三个小时再给孩子吃，这样每天摄入奶的总量并不少，足以满足孩子每天的营养需求。

3 如何给孩子喂药？

梁大夫答： 喂药时不要采取撬嘴、捏紧鼻孔的方法强行灌药，这样更容易造成孩子的恐惧感，挣扎后很容易呛着。1岁以内的孩子使用小滴管喂药最适宜。孩子吃药时，要选择半坐位姿态，轻轻把住孩子四肢，固定住头部，防止喂药时误吸入气管。

4 孩子喝完奶粉，舌头很白，怎么给孩子清理？

梁大夫答： 准备大小约4厘米 × 4厘米的几块纱布以及温水，将纱布裹在食指上，用温水蘸湿，将裹覆纱布的食指伸入孩子口腔内，轻轻擦拭孩子的舌头、牙龈和口腔黏膜。如果孩子不配合，不清理问题也不大。有的孩子前3个月白色舌苔会很厚重，也没什么大事，过了3个月慢慢就没了。

第 4 个月：
喜欢让妈妈抱

 带孩子过分依赖老人

好遗憾呀

宝妈： 当年我生下孩子四十多天后，就打工挣钱去了。孩子 4 个月前基本是由奶奶带大的。我只在放假的时候才回去看看孩子。每次我去的时候，孩子都跟我不亲，连眼睛也不看我，后来我发现不光是我，就连其他人他也全程无眼神交流。邻居们跟他打招呼，逗他开心，他理也不理。我带他去看了儿童心理门诊，医生说，这孩子有轻微的情感交流障碍，并且说最好是我亲自带孩子，引导他从自己的世界里走出来，将来才能适应社会。于是，我辞了工作，专心带孩子，我发现，除了情感交流障碍，孩子的卫生习惯也特别差，经过我一年多的悉心教导，孩子终于开始笑了，肯跟亲近的人交流了，卫生习惯也变好了。我感觉虽说钱挣得少了些，但我和孩子得到了比金钱更重要的东西。

 育儿这件事，父母为主导，老人在旁协助

不留遗憾

梁大夫： 有些东西是金钱买不来的。比如，孩子在年幼的时候，妈妈一定要亲自陪伴他长大，给他一个健康的身心、完整的童年。老人带孩子是"隔辈亲"，呵护备至，在育儿观念上较保守。如果孩子从小就由老人带大，与父母长期分离，则很可能在其心理上留下阴影；其次老人容易溺爱孩子，凡事包办，孩子容易缺乏独立、创新、运动以及与人交往等方面的能力。父母自己带孩子对于孩子的身心健康而言肯定是要强于老人。

过早与孩子长时间分离

好遗憾呀

宝妈：当孩子4个月大时，我的产假休完了。虽说我非常不舍，但不得已还是得到主城区上班了，我妈住城郊，因此我只能每周末回去看看孩子。每次临走的时候，孩子都号啕大哭，我的心很痛。孩子有分离焦虑，我又何尝不是？直到孩子一岁多，终于在城里买了一套房，把我妈和孩子都接了来。可那时，孩子看我的眼神明显都不亲了，夜里只要我妈陪他睡。唉，现在想来好遗憾啊！

 孩子需要妈妈陪伴在身边的安全感和亲情感

不留遗憾

梁大夫：长时间的分离，对于亲子双方的心理都是极大的伤害。所谓的分离焦虑，不只是对孩子而言，对父母也是一样。长时间的分离会给孩子的成长带来一些行为和情绪上的问题，比如缺乏安全感、情感交流障碍、社交障碍等。

 过于迷恋某种育儿理念

好遗憾呀

宝妈：孩子还小的时候，当他没来由地哇哇大哭时，我通常不理他，当时我信奉的育儿观念是"婴儿哭也是运动"以及"不要一哭就给抱"等。老公说我残忍，我却说这是科学育儿。直到有一次，孩子生病了在被窝一直哭，我起先也是不理，但他都哭得声嘶力竭了，我才去看了看，一看不得了，孩子烧得两颊绯红。一进医院，医生说发高烧了，再晚些来就麻烦了。我悔不当初啊，真不该教条地照搬育儿理念！

 孩子各有不同，妈妈需要结合其特点来养育

不留遗憾

梁大夫：现在的网络科技使得国内外各种新的育儿理念层出不穷。年轻的父母特别容易受到这些育儿理念的影响。什么美国开放式育儿、日本激励式育儿等，新手爸妈应该吸取适合自己孩子的那部分内容即可，一味求同或过于迷信某一种育儿方式，都不利于孩子的成长。

4 个月孩子的发育指标

指标	体重（千克）	身高（厘米）	头围（厘米）
男宝宝	6.64~8.34	62.3~66.9	40.4~43.1
女宝宝	6.11~7.65	61.0~65.4	39.5~41.9

4 个月孩子的神奇本领

在俯卧位时能用两手支撑抬起胸部。

当给孩子盖薄被时，双臂会上下活动。

小手能握持玩具了，会伸手去抓眼前的物体。

能自发地发出笑声，也会对大人的逗引做出反应。

喂奶时，会将双手放在妈妈乳房或奶瓶上。

会用微笑对话，会发出"啊、噢、哦"等元音。

母乳的营养够，不着急添加辅食

母乳足够的可不必添加辅食

如果以前一直是纯母乳喂养，这个月仍然可以继续，不必给孩子添加辅食。如果孩子的体重每天能增加20克左右，说明母乳足够，不需要添加任何代乳品。如果孩子的体重平均每天只增加10克左右，或孩子夜间经常因饥饿哭闹时，就要适当增加一点配方奶，以免影响孩子的生长发育。

吃奶的次数和量

到了这个月，大部分孩子已经形成了固定的吃奶习惯。白天一般会隔4小时吃一次，差不多喂5次就可以。夜间吃奶的情况每个孩子可能有所不同：有的孩子可能在半夜醒来吃一次奶，有的孩子则可以一觉睡到天亮，一次奶都不吃。孩子如果半夜饿了，会自动醒来要吃奶，如果孩子不醒，妈妈不必特意叫醒喂奶。

人工喂养的孩子每天可以喂6~7次配方奶，每次喂120~140毫升，每天的总奶量保持在1000毫升左右。

不要担心孩子的大便

母乳喂养的孩子，大便一般都不太规律。孩子的吃奶量、妈妈的饮食等都会对孩子的大便产生影响，使其大便次数、形状发生变化。如果孩子的精神好，吃奶、睡眠都比较正常，即使有时候大便次数比较多或大便很稀，也没有什么问题，不必过分担心。

在这个阶段，如果孩子夜间经常因饥饿哭闹，可以考虑适当增加配方奶。

孩子爱抱睡，放下就醒怎么办

放下就醒可能是惊跳反射

孩子通常会有惊跳反射，睡着后往床上放时，如果稍微不注意，就会触动孩子的惊跳反射，导致他们被吓醒。对于足月、健康的孩子，如果是惊跳反射导致放下就醒，可以尝试给孩子包一个舒适的襁褓。

注意放下时的动作

在放孩子时，先调整一下两手的位置，以保证放好孩子后自己容易抽手。放下时，先放孩子的屁股，屁股碰到床后，顺势换手去接孩子的脑袋，再将脑袋慢慢放下。刚放下时，可以用手掌按压一下孩子的手或胸部，帮助孩子稳定下来。

把握好放下的时机

孩子刚入睡时，处于浅睡眠阶段，比较容易放下就醒。要解决放下就醒的问题，不要看孩子一睡着就放下，可以稍微拖久点，等孩子进入深睡眠后再放下。告诉爸妈一个判断孩子是否进入深睡眠的方法：即轻轻抬一下孩子的胳膊，如果发现胳膊软软的，基本上就可以确定他已经进入深睡眠。

睡眠是系统工程，用对方法很关键

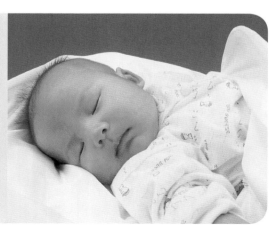

分床睡。 从一出生，就应该让孩子睡自己的小床。刚出生时，抱着睡很省力，但从长远考虑，抱睡会让孩子产生依赖，给大人不必要的压力。因此，从一开始就应该分床睡，以培养孩子独立入睡的习惯。

睡眠安全。 床上别放任何毛绒玩具，以免发生睡眠窒息。

规律作息。 很多孩子的睡眠习惯不好，都是由于父母的随性养育方式造成的。可以参考 EASY 模式（见第 64 页），建立规律的作息。

如何将爸爸培养成"超级奶爸"

贴心老公变隐形爸爸的原因

爸爸角度

"忙着赚钱，没时间带娃。"
"男人带孩子有失颜面。"
"不是我不想，而是我不会。"
"孩子大些，我来教也不迟。"

妈妈角度

"孩子是大宝贝，总担心他爸爸做不好，不敢放手，孩子的事都是我大包大揽的。"
"孩子爸爸事没做好，我会说他，还为此吵过几次架。"
"感觉有两个孩子，一个大的，一个小的。"

搞定奶爸的神技能

让爸爸知道：这是你的孩子

可以经常拍一些爸爸带娃的照片（不要用闪光灯），经常翻给爸爸看，说孩子长得像爸爸，爸爸带娃太帅了，让爸爸从内心深处认同这是他的孩子，让他觉得照顾孩子是他的使命，让他觉得带好孩子很有成就感。

求助语气胜过吩咐命令

男人骨子里都具有"英雄主义"的情结，他们很期待那种被需要的感受。因此，要求爸爸帮忙时，不要用命令的语气说话，不妨多从自身感受出发向他撒娇求助。

逐步引导，循序渐进

有意识地让爸爸先做一些简单的事情，比如孩子洗澡之后，爸爸妈妈一起抚摸孩子，在做的过程中，还要给予正向的引导。然后可以加大难度，让爸爸换尿布、喂奶。再接下来就是单独带孩子几个小时。

爸爸带娃，及时夸奖

只要爸爸肯做，不管做成什么样，都要好好表扬他。其中最有效的表扬方式是具体、及时的表扬，并且要强调他带孩子的好处。

吵架对事不对人

在育儿过程中，爸爸妈妈难免会因为意见不合等原因吵架，这也是很正常的现象。但要记得，吵架时把遇到的事情和自己的感受说清楚就好，不要一味地数落对方，更不要进行人身攻击，吵架后也不要持续冷战。

最好的早教是陪孩子玩

运动
游戏 苹果跑远了

游戏目的：

帮助孩子练习抬头，锻炼其颈部肌肉。

游戏准备：

一个红苹果。

游戏这样做：

❶ 让孩子俯卧在床上，双臂屈于胸前。

❷ 拿出一个红色大苹果放在孩子正前方，让孩子看一看、摸一摸、闻一闻，吸引孩子的注意。

❸ 妈妈推一下苹果，让孩子向远离孩子的方向滚动，让孩子的目光跟随。

❹ 还可以准备一个青色苹果、一个黄色苹果，分别滚动来吸引孩子的注意，引起他的视觉关注，吸引他的目光追踪。

 红色是孩子喜欢的颜色

早教指南

红色物体非常容易吸引孩子的注意力，通过游戏可以帮助孩子练习抬头，提高孩子躯体的协调运动能力。做游戏时要注意，选大点的、色彩鲜艳的玩具，最好是红色球体。但别让玩具滚动得太远，以免使孩子失去兴趣。

梁大夫零距离育儿问答

1 孩子长小牙了，如何避免咬妈妈乳头？

梁大夫答： 当孩子咬乳头时，妈妈马上用手按住孩子的下颌，孩子就会松开乳头的。如果孩子正在出牙，频繁咬妈妈的乳头，喂奶前可以给孩子一个空的橡皮奶头，让孩子吸吮磨磨牙床。5～10分钟后再给孩子喂奶，就会减少咬妈妈乳头了。

2 孩子流口水正常吗？

梁大夫答： 小儿流涎，也就是我们常说的流口水，大多属于正常的生理现象。但要警惕以下情况：（1）伴有发热、流鼻涕，可能是咽喉炎或扁桃体炎。建议给孩子适当补水，必要时到医院检查。（2）伴有咽部或口周疱疹，可能是疱疹病毒感染，口腔很疼，吃奶时会出现吞咽困难，甚至哭闹。建议随时用柔软吸水的纱布擦拭，保持口腔周围干爽清洁，必要时到医院检查。

3 生气时给孩子喂奶，会对孩子产生不良影响吗？

梁大夫答： 最好不要在生气时喂奶，因为母乳喂养的孩子容易受妈妈情绪的影响。如果妈妈心情不愉快，可以直接影响下丘脑功能或肾上腺素分泌过多，致使奶量减少。

4 到了预防接种的时间，孩子却生病了，怎么办？

梁大夫答： 如果孩子仅仅是轻微的感冒，体温正常，不需要服用药物，可咨询医生，确定是否可接种疫苗。如果发热，或感冒症状比较严重，要暂缓接种，直到病情好转后1～2周再接种。

不该留下
遗憾的事儿

第5个月：
用手拿到小玩具

**给孩子戴手套，
影响了触觉发展**

好遗憾呀

宝妈：孩子的新陈代谢很快，手指甲长得特别快，那会儿我特别担心给孩子修剪指甲时伤到她的手指，但是她又很容易被自己的指甲划伤。我妈想出一个主意，给她戴上一双小手套，以为这样一来她就不会划伤自己了。可是，我那时没留意手套里有一个线头，后来这个线头缠住孩子的手指，直到孩子大哭，我解开手套一看，孩子娇嫩的手指已经被线头缠得发青。幸好及时发现，没有造成严重后果！

勤剪指甲防挠伤

不留遗憾

梁大夫：戴手套看上去好像可以保护婴儿的皮肤，但这种做法直接束缚了孩子的双手，使手指活动受到限制，不利于触觉发育。触觉是孩子最早发展的能力之一，丰富的触觉刺激对智力与情绪发展有着重要意义。防止孩子抓破皮肤最根本、有效的方法是经常给他剪指甲。家长可以使用婴儿专用指甲刀，趁孩子熟睡时小心仔细地修剪，对孩子来说也更安全。

为方便小便，给孩子穿开裆裤

好遗憾呀

宝妈： 在我们这儿，基本上 1 岁以下的孩子都穿开裆裤，方便小便，大冬天也是如此，只在腰间围个屁帘。至于春、夏、秋三个季节平时就是开裆裤了。我家孩子在穿开裆裤时经常生病，不是感冒就是拉肚子，夏天裸露的小屁股经常被蚊子咬出红疙瘩。一次孩子病得很厉害，我带孩子去医院，听医生说穿开裆裤的诸多害处，就再没给他穿了。

3~4 个月就要开始穿封裆裤

不留遗憾

梁大夫： 开裆裤的确方便了家长的照顾，可是也有弊端。孩子 3~4 个月时，大小便次数没新生儿期那么多，就要给他穿封裆裤，避免细菌、灰尘、病毒以及锐利物的侵袭。现代文明认为，给孩子穿开裆裤是不尊重隐私的一种行为。不满 1 岁的孩子，在家里可以穿开裆裤，但要垫尿布或纸尿裤；如果出门，就要穿上封裆裤，出门多带些尿布或纸尿裤。1~3 岁的孩子可以训练大小便。

听说益生菌是有益菌，就给孩子长期补了

好遗憾呀

宝妈： 当孩子出现肠胃不适或发生腹泻时，医生通常都会开益生菌来调理肠胃，我于是想当然认为益生菌是个好东西，家中常备，而且还给孩子加在牛奶里服用。可是，这样吃了没多久，孩子却开始便秘了。我很纳闷，就去问了医生，这才明白，益生菌是调理肠胃的药物，当孩子身体恢复正常就要停用。

益生菌不能长期服用

不留遗憾

梁大夫： 益生菌在孩子肠胃功能出现问题时，可调整肠道内菌群失调，但如果家长把益生菌制剂当成保健品让孩子长期服用则是完全错误的。益生菌对孩子的肠胃有调理腹泻和便秘的双向作用，可是许多家长并不知道，益生菌制剂中的菌群含量比正常肠道菌群大许多，长期大剂量补充对孩子健康反而不利。

5 个月孩子的发育指标

指标	体重（千克）	身高（厘米）	头围（厘米）
男宝宝	7.14~8.95	64.4~69.1	41.5~44.1
女宝宝	6.59~8.23	62.9~67.4	40.4~42.9

5 个月孩子的神奇本领

被人从腋窝抱住时，会站立，而且身体会上下蹿动，两脚还会做轮流踏步的动作。

看到小物体或小玩具时，会将它拿起来放到嘴里。

自己会拉开遮盖在脸颊上的手帕。

能区分陌生人和熟人了。

当看到熟悉的物体时，能发出咿咿呀呀的声音，还会对自己或玩具"说话"。

成功追奶，应对乳汁减少

很多妈妈在产后 5 个月前后，发现原本丰富的奶水逐渐减少了，孩子不够吃，长得也慢了，就说明妈妈的奶水不够了（如果孩子一次吃得多，妈妈涨奶时间可能延长，但体重、身高都在慢慢增长，则不属于这种情况）。其实导致乳汁逐渐变少的原因与饮食、哺乳方式、情绪、生理改变等因素密切相关。如果妈妈在这几个方面加以注意，乳汁仍然会充沛起来的。

按摩催乳

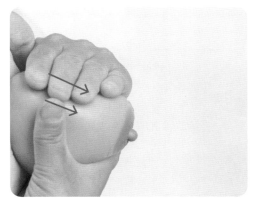

1 梳乳房：一只手托住乳房，另一只手拇指朝上，其余四指指腹在乳房上从远处向乳晕、乳头方向轻轻梳乳房 5 分钟。

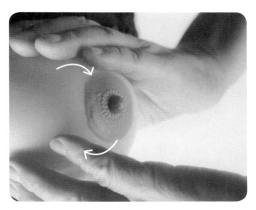

2 按摩乳房：将双手手掌上下分别放在乳房上下方，来回环形按摩 10~20 次。

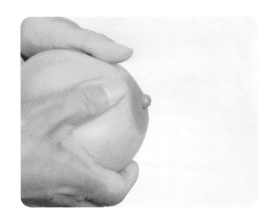

3 手挤乳房：按摩乳房外围，双手围住乳房，大拇指朝上，其余四指在下，然后轻轻地挤压乳房根部，一压一放，重复10~20 次。

避开容易抑制乳汁分泌的食物

如果妈妈没有身体方面的不适，建议最好母乳喂养，而且这也是大多数新妈妈的选择。对于母乳喂养的妈妈来说，在饮食方面要注意远离下面这些可能会导致回奶的食物。

炒麦芽

茶叶

韭菜

香椿

花椒

心情抑郁会导致回奶

妈妈在哺乳期间一定要保持愉快的心情，坚定母乳喂养的决心，这样能够促进乳汁分泌。如果妈妈总是愁容满面、抑郁，会影响奶水分泌，导致回奶。

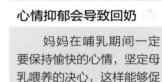

螃蟹

豆豉

处理好工作和哺乳的关系

许多妈妈因为上班不能定时给孩子喂奶，加上工作压力大，如果乳房充盈时任其胀回，很快奶量就下降了。因此，职场妈妈要准备好吸奶器和储奶袋，上班期间根据孩子喂养的频率，用吸奶器将乳汁吸出，放在储奶袋内，存入冰箱，白天温热后给孩子食用。每天孩子吸乳和用吸奶器吸乳次数不低于6次，同时要保证心情愉悦、睡眠充足。

这样换配方奶，孩子更容易接受

什么情况下需要换奶粉

1 一般来说，一段奶粉适合 0~6 个月的宝宝，二段奶粉适合 6~18 个月的宝宝，三段奶粉适合 12~36 个月的宝宝。人工喂养的孩子在满半岁时，可以考虑将配方奶换为二段的。也有的一段奶粉适合 0~12 个月的孩子，可以等 1 岁之后再换。

2 当孩子出现腹泻、便秘、腹胀或吐奶 1 周以上，排除疾病导致的情况，应及时更换奶粉。

不宜频繁更换配方奶品牌

由于孩子肠胃发育不成熟，而各种配方奶的配方也有一定的差异，如果更换不同牌子的配方奶，孩子就需要重新适应，这样容易因为肠道不耐受引起孩子便秘、腹泻、呕吐等，所以不建议频繁给孩子换配方奶品牌。

配方奶粉更换方法

混合置换

先在老奶粉里添加 1/3 的新奶粉，吃两三天没什么不适后，再老的、新的奶粉各 1/2，吃两三天没问题的话，再老的 1/3、新的 2/3 吃两三天，最后过渡到完全新奶粉，切忌不宜太急。

配方奶转换

以原来每天吃 6 顿奶粉为例，每天添加量如右表

原奶粉 ●
新奶粉 ▲

换奶时间	每天新旧奶粉替换比例
第 1~2 天	● ● ●　● ● ●
第 3~4 天	● ▲ ●　▲ ● ●
第 5~6 天	● ▲ ▲　▲ ▲ ●
第 7~8 天	● ▲ ▲　▲ ▲ ▲
第 9~10 天	▲ ▲ ▲　▲ ▲ ●
第 11 天	▲ ▲ ▲　▲ ▲ ▲

一顿一顿置换

假如孩子一天吃 6 顿奶，可以先用新配方奶置换其中一顿，观察 3~4 天，如果孩子消化良好，就可以再多置换一顿，再观察 3~4 天。就这样反复置换，直至完全换成新奶粉。如果在置换的过程中孩子出现消化不良，可以延长观察时间，待到大便正常后再进一步置换。

1 岁内的孩子不能以牛奶替代配方奶

1 岁内的孩子是不能用鲜牛奶来替代配方奶的，因为鲜牛奶的组成和成分比例不适合 1 岁以内的孩子食用。而羊奶、炼乳、酸奶等也不能替代母乳或配方奶给孩子喝。

轻松做个"背奶妈妈"

职场妈妈母乳喂养必知

妈妈早上起来，给孩子喂奶，喂完奶再去上班。上班时，带一个吸奶器到公司，每隔3小时挤一次奶（也可上午、下午各挤一次），将挤出来的奶装入储奶袋或储奶瓶中，放入冰箱或背奶包保存。下班带回家，放入冰箱，让孩子第二天吃。

用储存的母乳喂孩子时，可以先用热水隔水复温后再喂，加热后喝不完剩下的奶要倒掉，不能再次放入冰箱冷藏或冷冻。上班族妈妈要有信心，掌握合适的方法，让事业和育儿兼顾。

办公室挤奶要点

1 不管是徒手挤奶还是用吸奶器挤奶，挤奶前务必将手洗干净。

2 挤奶时，可以用奶瓶或消过毒的杯子来收集乳汁，再将乳汁分别装在储奶瓶或储奶袋中。也可直接挤在储奶瓶中，放凉后冷藏或冷冻保存。

3 工作场所如果没有冰箱，可用保温瓶或保温箱，也可用专门的背奶包储存。使用保温瓶的话，可预先在瓶内装冰块，让瓶子冷却后再将冰块倒出，装入收集好的乳汁。使用保温箱的话，则可在箱底装些冰块，再将装好母乳的容器放进保温箱冷藏带回家。

4 装母乳的容器不要装得太满或把盖子盖得太紧，以防冷冻结冰而撑破。需要注意的是，如果母乳需长期存放，最好不要使用普通塑料袋。

5 最好按照每次给孩子喂奶的量，将母乳分成若干小份来存放，每一小份贴上标签并记上日期和奶量，这样能方便家人或保姆给孩子合理喂食，还不会造成浪费。

挤出来的奶如何保存

场所和温度	保存的时间
冷藏，储存于<25℃的室温	4 小时
冷藏，储存于4℃左右的冰箱内	48 小时
冷藏，储存于4℃左右的冰箱内（经常开关冰箱门）	24 小时
冷冻，温度保持在-18℃～-15℃	3 个月
低温冷冻（-20℃）	6 个月

冷冻奶的解冻、加热

使用冷冻母乳喂养孩子前，先将其放入冷藏室内解冻，再用温水温热。温热后，打开储存袋的密封口，倒入奶瓶给孩子吃。绝对不能使用微波炉加热，也不能放在炉子上直接加热。此外，冷冻母乳不能反复解冻、复冻。

尽量选电动、双头的吸奶器

有些新妈妈不知如何选择吸奶器，如果条件允许，最好买电动的、双头的。手动吸奶器是人工控制吸奶过程，不能保持恒定的频率和力量，而且很费体力。电动吸奶器能调控频率和力量，且能持久恒定，有的还有刺激奶阵的功效。双头吸奶器还能节约吸奶的时间。

别用吸奶器抽吸乳汁代替亲喂

即使上班了，也不能完全用吸奶器吸奶喂代替妈妈亲自母乳喂养。用吸奶器的情形：

1 母乳喂养初期，因乳腺不通且孩子吸吮力相对较弱，或不能直接吸吮时，可用吸奶器。

2 如果直接母乳喂养后，妈妈的乳房仍有多余的乳汁，可用吸奶器吸出。

3 妈妈上班等外出、不能直接母乳喂养时，要定时使用吸奶器。

吸奶器用后送亲友，多次利用

电动吸奶器价格相对比较高，也只是短时间使用，不超过2年，用完搁置起来十分浪费。吸奶器主体是机械结构，不会与乳汁接触，而且与乳汁接触的部位可以更换，也不存在"污染"之说。因此，妈妈可以把不再使用的吸奶器送给有需要的亲友，既能二次利用，也可拉近感情，何乐而不为？

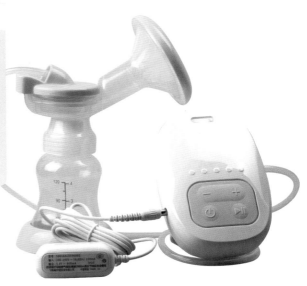

如何安全使用婴儿车

5个月的孩子头抬得很稳，运动功能更趋活跃，因此很多妈妈会用婴儿车推着孩子出去玩，但是婴儿车同时也是造成孩子许多意外伤害的元凶，父母在选购和使用时一定要加倍小心，以免给孩子带来伤害。安全使用婴儿车需要注意以下细节：

1 用前检查
使用前应先进行安全检查，确定车内的螺丝没有松动，车体连接牢固，转向灵活正常，刹车装置灵活有效。如果发现问题，必须妥善处理好，然后才能使用。

2 姿势舒适
让孩子的颈部始终处于最舒适的状态，背部尽量舒展，腰部与坐席间没有空隙。

3 系上安全带
无论孩子是醒着还是睡着了，都要全程系好安全带，以免孩子滑出婴儿车。

4 不要超载
不要在车内和把手上挂重物，要将购物篮放进婴儿车后面较低的地方。

5 适当抱起
当妈妈带着孩子过马路或走楼梯时，正确的做法应该是把孩子抱起，再推婴儿车前行，不要连人带车一起推。

6 禁止独留
千万不要将孩子独自留在婴儿车里，而要时时刻刻待在孩子身边。

7 使用刹车
当把婴儿车停下来时，第一个动作便是使用刹车，确保孩子的安全。此外，不要让孩子碰到释放杆，也要注意不要在斜坡或者湿滑的地方停车，以免车子打滑翻倒。

8 别当玩具
有些孩子会把婴儿车当玩具玩，稍大点的孩子甚至喜欢站在婴儿车的车架上，这都是极其危险，容易使孩子摔伤碰伤，家长应该及时阻止。

9 防止夹伤
在折叠和打开婴儿车时，应该尽可能远离孩子，别让孩子触碰到婴儿车，以免夹伤手指。

10 推行的时间、地点、速度要注意
不要在颠簸不平的路上长时间推行，不要在马路边、汽车道边推行，推行速度不宜过快，以免吸入过多灰尘和尾气，或发生意外。

最好的早教是陪孩子玩

 纸飞机

游戏目的：

锻炼孩子的视觉反应和注意力。

游戏准备：

用彩纸折几个纸飞机，彩纸颜色尽可能鲜艳，色彩对比要强烈。

游戏这样做：

❶ 拿起红色纸飞机给孩子看，告诉孩子"这是纸飞机"。

❷ 将纸飞机轻轻抛向前方，吸引孩子注意。

❸ 问孩子："红飞机飞到哪儿去了？"让孩子指指看，"啊，红飞机在那儿呢。"

❹ 换其他颜色的纸飞机重复上述步骤。

❺ 也可以把纸飞机放在孩子手中，帮助他把飞机抛向远处，孩子的参与感会更强，也会更有兴致。这样做可以锻炼他的手眼协调能力。

 飞机别抛太远了

早教指南

　　让孩子的视觉追随纸飞机飞行路线，可以锻炼孩子的视觉反应，发展其对空间的认知，还能提高注意力。注意力是学习和观察的基础，培养和发展注意力的意义是帮助孩子将来更好地适应紧张的学习。游戏时妈妈要注意，飞机不要抛得太远，速度也不要过快，否则不利于孩子追视。抛飞机的动作不要太大，以免干扰孩子，从而忽视了观察纸飞机的飞行路线。

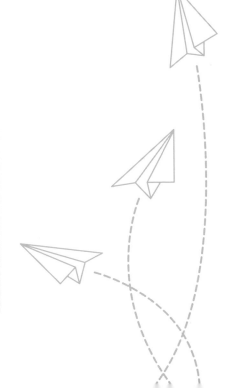

运动游戏 拉大锯，扯大锯

游戏目的：

锻炼孩子腰背部肌肉力量。

游戏准备：

在孩子睡醒时，保持仰卧姿势，帮助孩子放松上肢。

游戏这样做：

❶ 伸出手指，让孩子自然地抓住妈妈的手指。

❷ 将孩子慢慢地拽起来，念歌谣："拉大锯，扯大锯，外婆家，唱大戏，妈妈去，爸爸去，小孩子，也要去。"让孩子稳稳地坐好，再轻轻把他放下，让孩子保持仰卧。

❸ 重复3~4次。

❹ 轻轻抚摸孩子的腰背部，放松腰背部肌肉。

 配合的歌谣可以自编

早教指南

　　4~5个月的孩子腰背部肌肉力量迅速发展，通过这个游戏可以帮助孩子锻炼腰背部肌肉及上臂支撑力。这是一个古老又经典的游戏，配合的歌谣有很多版本，妈妈可以根据自己的喜好选择，也可以自编。如：拉大锯，扯大锯，咱们家里唱大戏，大戏里面也有你，快快起来唱两句！拉大锯，扯大锯，外婆家，唱大戏，妈妈去，爸爸去，不带我的孩子去！

　　游戏刚刚开始时，也可以尝试用手抓住孩子的手腕，把他拉起来。游戏时间不要太长，3分钟左右就要让孩子躺下来休息一会儿。

梁大夫零距离育儿问答

1 如果推迟了某种疫苗的接种，以后的接种是否推迟？

梁大夫答： 以后接种的疫苗要顺延向后推迟。如果和某种疫苗接种时间重合了，医生会根据相碰的疫苗种类，判断是否可以同时接种；或者先接种一种，另一种间隔一段时间，具体间隔的时间需由医生根据具体情况决定。

2 孩子5个多月了，有点枕秃，是纯母乳喂养的，这是佝偻病吗？

梁大夫答： 出生不久的孩子因为有生理性脱发阶段，孩子出汗较多，胎毛生长期短，在6个月以前可能会出现枕秃，不一定是佝偻病的表现。但是如果纯母乳喂养而没有补充维生素D制剂，同时伴有夜惊、哭闹、多汗等，应去医院检查，可能是佝偻病的早期表现。

3 孩子体重长得不快，是怎么回事？

梁大夫答： 体重比别人家的孩子轻并不意味着孩子不健康。孩子的体重增长因人而异，食量大的孩子体重增加得快些，食量小的孩子就比较慢。体重轻的孩子可能是食量较少，这种孩子一般不大哭大闹，夜里也不会醒，是非常省心的孩子。食量大小和遗传有关，小食量孩子的妈妈多数身体苗条；大食量孩子的妈妈大多比较丰满。如果孩子状态好，体重在同月龄正常范围内，运动功能正常，就没必要担心。提倡顺应喂养，不要强制喂食，否则会引起孩子的厌烦心理甚至厌食。

4 孩子5个月了，朋友们建议我带着孩子到公共场所见见世面，这样做合适吗？

梁大夫答： 这个月的孩子头部可以灵活转动了，多带孩子到公园、小区等环境较好的场所是不错的选择，孩子可以看看周围的花草，对周围的人笑，咿呀学语，对听到的、看到的、触摸到的、闻到的都已经能相互联系起来，认知能力得到锻炼。但是，不要带孩子到商场等人群高度集中、空气质量差的地方，孩子抵抗力弱，在成人身上可能是轻微的感冒，到了孩子这儿可能就会引发肺炎。

第6个月：准备添加辅食

好遗憾呀

没看好，孩子从餐桌椅上掉下来了

宝妈： 有一次，我把孩子放在餐桌椅上，起身去给他热牛奶，没想到竟忘记给他扣上安全扣，孩子一个翻身就从椅子上掉到了地上，正巧碰到桌子角，把额头磕伤了，孩子哇哇大哭。我从厨房跑出来赶紧把他抱起来，一看额角流血了，懊悔不已：我怎么就那么不小心呢！当时就把孩子送往医院，孩子恢复之后，额头上一直有个小疤，这令我好遗憾。

不留遗憾

孩子的人身安全是第一位的，切不可疏忽大意

梁大夫： 6个月大的孩子已经会坐起来了，当妈妈需要离开他一会儿的时候，一定要给单独坐在椅子上的孩子系上安全带，否则他一个翻身就很容易掉下来。家长在给孩子选择儿童座椅的时候，注意选择落地面宽于座面的那种，才不易翻倒。同时椅子上应有安全带，以便固定孩子，防止因翻身、攀爬而掉落下来。

好遗憾呀

第一口辅食是鸡蛋黄

宝妈： 孩子五六个月大了，老辈人建议先吃鸡蛋黄，说营养价值高、含铁高，有利于宝宝发育。就将鸡蛋煮熟，剥开，加点温水调成糊状，喂给孩子。结果吃完孩子就腹泻了，赶紧带去医院，医生说是过敏了。还好去医院及时，停吃蛋黄就慢慢好了。

不留遗憾

婴儿含铁营养米粉是第一口辅食

梁大夫说： 相比肝泥或强化铁营养米粉，蛋黄里的铁含量较少，吸收率低，并不是补铁佳品。况且，有些宝宝对鸡蛋过敏，容易引起腹泻等情况。因此，给宝宝添加辅食，应先加强化铁营养米粉，随后为蔬菜泥、水果泥、肝泥、蛋黄，及时添加肝、肉是增加铁摄入的关键。

用母乳给孩子洗脸，结果长疹子了

好遗憾呀

宝妈： 市面上的牛奶护肤品琳琅满目，我想，既然母乳是最好的营养品，孩子也喝不完，扔掉了岂不可惜？就用来给孩子洗脸。原本以为人奶洗脸皮肤会又白又嫩，孩子却满脸长了疹子。去看医生，医生说，幸亏还没有化脓感染，不然引起败血症就麻烦了。孩子的皮肤娇嫩，而母乳的高营养物质却容易滋生细菌，从而堵塞孩子皮肤毛孔，引发接触性皮炎。

母乳不能作为孩子的护肤品使用

不留遗憾

梁大夫： 母乳含有丰富的蛋白质、脂肪和乳糖，这些营养物质成为细菌生长繁殖的良好培养基。孩子皮肤娇嫩，通透性强，角质层薄而血管丰富，这都为细菌通过毛孔进入皮肤内部创造了有利条件，一旦毛孔堵塞，就容易引起毛囊炎，甚至引起毛囊周围皮肤化脓感染，若不及时治疗可发生败血症，对孩子来说很危险。所以，应该用 35～41℃ 的温水给孩子洗脸，注意动作要轻柔。

觉得孩子出牙越早越好

好遗憾呀

宝妈： 孩子半岁的时候，看到别人家的孩子四五个月就开始长牙，而自己的孩子嘴里却还没有动静，便开始着急起来。我的孩子是缺钙吗？为什么都快半岁了却还没有长牙的迹象呢？我带他去看医生，医生说："你的孩子不缺钙，出牙是早晚的事，孩子个体差异不同，出牙有的早有的晚，再等等吧！"我还是不放心，硬是做了相关检查，直到检查结果出来，孩子一切正常才放下心来。

孩子的成长有自己的规律

不留遗憾

梁大夫： 许多家长有一种认识误区，觉得孩子出牙晚是因为缺钙所致，出牙越早代表身体越健康。其实，除了营养以外，遗传、性别、是否足月以及孕期妈妈的营养等都影响着孩子出牙。所以，只要孩子身体健康，各方面情况良好，1岁内出牙都是自然的。

6 个月孩子的发育指标

指标	体重（千克）	身高（厘米）	头围（厘米）
男宝宝	7.51~9.41	66.0~70.8	42.3~44.9
女宝宝	6.96~8.68	64.5~69.1	41.2~43.7

6 个月孩子的神奇本领

会自己坐了。

将孩子的衣服盖在他的脸上，他会自己用手将衣服拿开。

平躺时能熟练地从仰卧位翻滚成俯卧位。

在孩子面前摆放三块积木，当他拿到第一块后，开始伸手想拿第二块，并注视着第三块。

当给孩子洗脸时，如果他不愿意，他会将大人的手推开。

当两手轮流握物时，能觉察到自己身体的不同部位，并知道自身与外界的不同。

满6个月，可以尝试给孩子添加辅食了

根据《中国居民膳食指南（2016）》，满6个月的孩子可在母乳喂养的基础上添加辅食了。每个孩子的成长水平不一样，家长不能要求孩子跟其他同龄孩子完全一样，应观察自家孩子的生长规律，如果孩子发出了以下5个信号，说明可以添加辅食了。

信号1

体重不低于6.5千克

一般来说，孩子体重增长情况和孩子消化能力密切相关。体重不达标，说明孩子的胃肠功能可能也未达标，引入辅食容易引起过敏反应。所以，最好在孩子体重超过6.5千克，消化器官和胃肠功能成熟到一定程度后，再开始添加辅食。

信号2

在大人的帮助下可以坐起来

最初的辅食一般是流质或半流质的，不能躺着喂，否则容易发生呛咳。所以，只有在孩子能保持坐位的情况下才能添加（最起码在抱着孩子时，孩子可以挺起头和脖子，保持上半身的直立）。当孩子想要食物的时候，会前倾身体，并伸手抓，不想吃的时候身体会向后靠。

信号3

需奶量变大，喝奶时间间隔变短

如果孩子一天之内能喝掉800~1000毫升配方奶，或至少要喝8~10次母乳（并且吃空两边乳汁后还要喝），则说明在一定程度上，奶中所含的热量和营养已不能满足孩子的需要，这时就可以考虑添加辅食了。

信号4

看见大人吃东西，表现出很有兴趣

随着消化酶的活跃，在6个月的时候消化功能逐渐发达，唾液的分泌量会不断增加。这个时期的孩子会突然对食物感兴趣，看到大人吃东西时，会专注地看，自己也会张嘴或朝着食物倾身。

信号5

放入嘴里的勺子，不会用舌推出

在孩子很小的时候，会存在一种"挺舌反射"，也就是会将送入嘴里的东西用舌头推出来，以保护自己不会被异物呛到，防止呼吸困难。挺舌反射一般消失于脖子能挺起的6个月前后，这时用勺子喂食，孩子会张嘴，不会用舌推出，顺利地把食物从口腔前部转移到后部，完成吞咽。

最好的第一口辅食是含铁婴儿米粉

如何选购婴儿营养米粉

选择要点	具体项目
看品牌	应该尽量选择规模较大、产品质量和服务质量较好的企业产品
标签是否完整	按国家标准规定，在外包装上必须标明厂名、厂址、生产日期、保质期、执行标准、商标、配料表、营养成分表及食用方法等项目
营养元素是否全面	看外包装上的营养成分表中营养成分是否全面，含量比例是否合理。营养成分表中除了标明热量、蛋白质、脂肪、碳水化合物等基本营养成分外，还会标注钙、铁、维生素 D 等营养成分
看色泽和气味	质量好的婴儿米粉应该是白色、均匀一致、有米粉的香气

注：由于 6 个月左右的孩子出生时从母体获得的铁含量已经消耗得差不多了，所以首先应当添加含铁的营养米粉。

米粉怎么冲调比较好

米粉、温水（约 70℃）按 1∶4 的比例准备好。将米粉加入餐具中，慢慢倒入温水，边倒边用汤匙轻轻搅拌；搅拌时遇到结块，用汤匙将其挤向碗壁压散。用汤匙将搅拌好的米糊舀起倾倒，呈炼乳状流下为佳，不要太稀。

怎么喂给孩子

将调制好的米糊倒入小碗，接着用婴儿专用小勺舀起半勺米糊，小心地喂给孩子。注意这是孩子第一次吃饭，妈妈要面带微笑，用热切的眼神来鼓励他，让孩子愉快地进餐。

避免或推迟添加易致敏食物不会预防过敏

不用推迟添加容易过敏的食物来预防过敏

有些家长，尤其是有过敏史的家长担心孩子食物过敏，因此限制婴幼儿饮食。近年来关于辅食添加时间的研究已经表明，早添加一些易致敏的食物，并不会增加过敏的概率，避免或者推迟添加，也不会带来预防效果，也就是说，没有研究显示限制饮食能够有效地预防过敏。过早或过晚引入某些食物都有可能增加过敏的风险。

由中国营养学会编著的《中国居民膳食指南（2016）》也不建议推迟易致敏食物的添加，而建议适时添加不同种类的食物。

大自然中的食物多种多样，每个人体质不同，对哪些食物过敏也会各有不同。所以，我们需要做的并不是让孩子在1岁前远离一切有可能致敏的食物。相反，在1岁之前让孩子尝试鸡蛋等易致敏食物，会让孩子更不容易对这些食物过敏。不过，需要注意的是，添加时要从少量开始，逐渐观察，尤其是有家族过敏史的孩子。

添加辅食一次一种，容易发现过敏原

从孩子6个月刚开始添加辅食时，要先添加一种食物，每种食物从少量开始，等这种食物习惯后，再添加另一种食物。每一种食物需适应3天左右，这样做的好处是，如果孩子对食物过敏，能及时发现并找出引起过敏的是哪种食物。

出现过敏的孩子应坚持定期检查

孩子过敏会导致营养不均衡或饮食障碍，甚至影响孩子的身体发育。所以，一旦明确孩子有食物过敏反应，就应定期复查，看孩子是否仍对某些食物过敏，并监测生长发育指标。如持续1~2个月无过敏症状了，可少量进食致敏食物以确认是否还过敏。如果孩子吃了致敏食物没有出现症状，就可以不用再回避该种食物了；如果孩子再次出现过敏反应，则需要避免接触该种食物至少半年。

原味辅食才是最好的辅食

多食用天然食物

天然食物包括谷类、蔬果、肉类和蛋类，摄取均衡，就能满足孩子成长所需的营养。这些食物大多味道清淡，只有孩子细嚼慢咽的时候才能品出其中的美味，给孩子的味蕾带来温和的刺激，帮助孩子味蕾的形成，并养成良好的饮食习惯。

逐步引入天然食物

妈妈可以给孩子制作蔬菜泥、水果泥、肉泥、鱼泥等辅食，但不要添加任何调味料，原汁原味对孩子来说也是一种美味。如果担心孩子食物过淡，可以利用一些食材本身的味道，比如苹果比较甜，可以在给孩子做蔬菜汁时，加点苹果，这样既增加了味道，还不至于摄入过多的糖分，是一个非常好的方法。

给孩子食用尽可能多的食物种类

孩子小时候接触更多的食物种类，可以降低偏食的可能性。当孩子对某些食物产生抗拒时，父母可以通过改变食物的形态等方式，尽量让孩子有机会尝试这些食物，且最终接受。

拒绝零食

零食虽然好吃，但并不适合这个月龄的孩子。妈妈应该将家中的零食，如饼干、薯片、糖果等彻底清除出去，这样一来，孩子饥饿时，只能选择天然食物。如果孩子非要吃零食，可以选择健康有营养的零食，如肉松、海苔等，规定吃零食的次数和量，通过正确引导，逐渐减少吃零食的次数和量。

口腔护理，
从第一颗乳牙萌出就要开始

孩子乳牙萌出了

每个孩子出牙早晚不同，有的 5~6 个月的时候开始出牙，大多数孩子在 6~9 个月开始出牙，还有个别孩子到 9~12 个月才开始出牙，这都是正常的。对大部分孩子来说，最先萌出的是门牙，出牙顺序也因人而异。

平均出牙数量 = 出生后月龄 −6

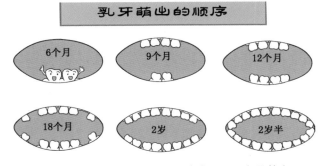

乳牙出齐是 20 颗，第一乳牙多在 6~9 个月萌出，
2~3 岁乳牙就会出齐。

长牙时可能出现的不适

流口水　　轻微咳嗽　　牙床出血　　啃咬　　拉耳朵、摩擦脸颊

做到这 4 点，缓解出牙不适

1 给东西让孩子咬一咬，如消过毒的、凹凸不平的橡皮牙环或磨牙棒，以及切成条状的生胡萝卜和苹果等。

2 妈妈将自己的手指洗干净，帮助孩子按摩牙床。刚开始，孩子可能会因摩擦疼痛而排斥，但当他发现按摩后疼痛减轻了，就会安静下来并愿意让妈妈用手指帮自己按摩牙床了。

3 补充钙质和维生素 D。哺乳的妈妈要多食用富含钙的牛奶、豆类等食物，并可在医生的指导下给孩子补充维生素 D。

4 加强对孩子口腔的护理。在每次哺乳或喂辅食后，给孩子喂点儿温水冲冲口腔。孩子开始出牙后，就要每天一早一晚给孩子刷牙了。妈妈可以用套在手指上的软毛牙刷帮孩子清洁口腔，清洁时不必用牙膏，但要注意让孩子饭后漱口。

夜奶后用清水漱口

夜奶要不要刷牙？这也是很多妈妈关心的问题。母乳中含大量天然抑菌的活性成分，能抑制口腔细菌生长，纯母乳喂养的孩子不刷牙也没关系。对于配方奶喂养的孩子来说，应积极刷牙，因为配方奶含蔗糖，属生龋糖。如果刷牙有难度，可以用温水给孩子漱漱口，减少口腔内细菌。

预防龋齿从长第一颗牙开始

辅食中不要加糖

多喝白开水清洁口腔，少喝果汁，避免孩子拒喝白开水

早晚清洁牙齿

不同年龄的孩子怎么刷牙

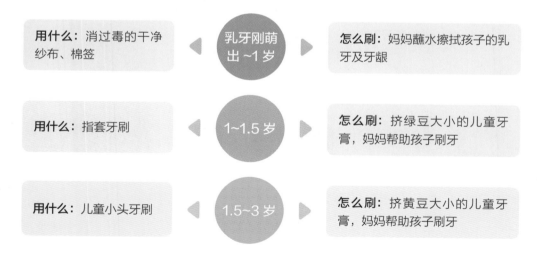

用什么：消过毒的干净纱布、棉签 ◀ 乳牙刚萌出 ~1 岁 ▶ **怎么刷：**妈妈蘸水擦拭孩子的乳牙及牙龈

用什么：指套牙刷 ◀ 1~1.5 岁 ▶ **怎么刷：**挤绿豆大小的儿童牙膏，妈妈帮助孩子刷牙

用什么：儿童小头牙刷 ◀ 1.5~3 岁 ▶ **怎么刷：**挤黄豆大小的儿童牙膏，妈妈帮助孩子刷牙

巴氏刷牙法，让牙齿更健康

巴氏刷牙法又称水平颤动法，能有效清洁孩子牙龈沟的菌斑及食物残渣，减轻牙龈炎症，缓解牙龈出血现象。

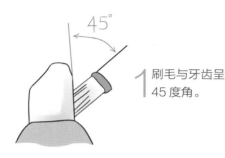

1 刷毛与牙齿呈45度角。

刷牙这件事，示范＋引导更有效

对孩子刷牙这件事来说，千万不要强迫，应该是示范＋引导。先让孩子不讨厌，愿意配合，到慢慢喜欢刷牙，最后再到提高刷牙质量。可以用形象的绘本、动画场景来引入，让孩子慢慢熟悉刷牙的重要性，养成刷牙的好习惯。

2 将刷毛贴近牙龈，略施压使刷毛一部分进入牙龈沟，一部分进入牙间隙。

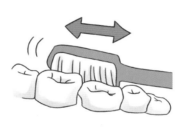

3 水平颤动牙刷，在1~2颗牙齿的范围左右震颤8~10次。

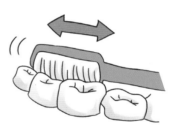

4 刷完一组，将牙刷挪到下一组邻牙（2~3颗牙的位置）重新放置。最好有1~2颗牙的位置有重叠。

5 将牙刷竖放，使刷毛垂直，接触龈缘或进入龈沟，做上下提拉颤动。

6 将刷毛指向咬合面，稍用力做前后来回刷。

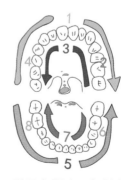

7 刷牙有顺序，每处都刷到。

孩子乘车，一定要正确使用安全座椅

安全座椅按孩子的年龄和体重来选择

为了更好地保护孩子，提供舒适的乘坐体验，安全座椅通常分年龄段设计。当然在保证适用的前提下，可以考虑以后的使用要求，达到不浪费的目的。如果孩子在 6 个月内，建议选择新生儿专用的安全座椅。对于 6 个月以上的孩子，一般座椅品牌都有具体的参考体重：

相应年龄	适用体重
1 岁以下	10 千克以下
1~4 岁	9~18 千克
3~8 岁	15~25 千克
8~11 岁	22~36 千克

尽量不选择二手座椅

尽量不要选择二手安全座椅，因为很难了解其过去的使用情况。这些座椅可能有些部件已经丢失、损坏，还有可能有塑料老化、长期受压造成裂痕等问题，万一出现交通事故，起不到保护的作用。

安装在主驾驶后方比较安全

主驾驶后方是相对安全的位置，前方有座椅二次保护缓冲。需要注意的是，如果是在路边右侧停车，放入或取出孩子的时候，家长是站在靠马路中央一侧而不是路边，此时要注意过往车辆，避免潜在的交通安全风险。

1 岁以下的婴儿必须使用朝后安装的安全座椅，妈妈最好也坐在后面，能跟孩子交流并保护孩子。

家长不要擅自改动安全座椅的设计

绝对不要擅自对儿童安全座椅或汽车安全带的设计进行改动，否则容易破坏其整体的安全性，造成不可预料的后果。儿童座椅不能安装在带有安全气囊的汽车前座上，因为在汽车发生碰撞时，弹出的安全气囊会产生相当大的冲击力，对孩子造成伤害。

别过早让孩子面朝前坐

1 岁以下的婴儿必须使用朝后的座椅，直到年龄超过 1 岁且体重超过 9 千克。最好能到孩子 2 岁，或达到 16 千克，才反转到向前坐。当旋转至向前时，要注意：

1 用安全带，ISOFIX（欧洲标准的汽车儿童安全座椅专用接口）或 LATCH（美国标准的汽车儿童安全座椅专用接口）等固定装置固定好。

2 调节好背部系带，使其固定住孩子的肩部，确保背带平铺于孩子胸部至臀部，没有松动和扭曲。

不同年龄的孩子乘车有讲究

0~9 个月孩子，反向安装

在汽车安全座椅侧面塞上浴巾，以免孩子低头垂肩地坐在安全座椅中，尽可能使孩子感到舒适。如有需要，可以在裆部护带跟孩子之间塞上一条卷起来的小毛巾或浴巾，避免孩子的下半身向前滑动过多。如果孩子的头部一直向前倾斜，最好再检查一下孩子的安全座椅。按照使用说明书，将椅子尽量向前倾斜，接近 45 度角。一般安全座椅都设置内置调节器可以调整，如果没有，爸妈可将毛巾等物塞到安全座椅底座的前端，使其接近 45 度角。

9 个月~2 岁孩子，要让孩子有耐心坐下去

这个年龄段的孩子不太老实了，总想从安全座椅里出来。爸妈要知道，这是一个必经的阶段。爸妈要平静而坚定地告诉孩子，只要汽车在行驶，就必须待在安全座椅中。开车时，最好有大人在后座陪着孩子，可以通过跟孩子交流的方法来逗孩子开心。

2~3 岁孩子，让乘车变成一个学习的过程

跟孩子讨论车窗外的事物，使乘车变成一个学习的过程。鼓励孩子给毛绒玩具或洋娃娃系上安全带，并告诉孩子玩具系上安全带后会更安全。系好的安全带最多有两指宽的空隙，必须要绑得很牢才能保证安全。

最好的早教是陪孩子玩

 认知游戏 看远方

游戏目的：

促进孩子视力发育，扩大认识事物的范围。

游戏准备：

陪孩子玩时进行。

游戏这样做：

❶ 妈妈指着室内的家具、玩具、食物、日用品等讲给孩子听，不管孩子能否听懂，都要多次重复，让孩子一遍遍地感知。

❷ 天气好时，带孩子到户外玩，指认花草树木、交通工具、建筑物等。

❸ 再指认更远处：天上的风筝、白云、初升的月亮和落日等。

 语言游戏 孩子懂礼貌

游戏目的：

训练孩子的理解和模仿能力。

游戏准备：

挑选一个孩子喜欢的玩具。

游戏这样做：

❶ 爸爸递给孩子一个他喜欢的玩具，当孩子伸手拿时，妈妈在一旁说"谢谢"，并做点头或鞠躬的动作。

❷ 逗引孩子模仿妈妈的动作，如果孩子按照妈妈的动作做了，要亲亲他表示鼓励。

❸ 爸爸做离开状，妈妈一面说"再见"，一面挥动孩子的小手，教他做"再见"的动作。家里来了客人，教孩子拍手表示欢迎，说："你好，欢迎。"

 视觉和认知刺激让孩子更聪明

早教指南

在成长早期阶段，孩子所接受到的刺激越丰富，其脑神经的树突长得就越多，他就会变得越聪明。所以，要想让孩子更聪明，首先要给他丰富的刺激，包括视觉刺激和运动刺激。

 爸妈和孩子沟通时，要注意语调和表情

早教指南

在理解词义前，孩子首先理解的是语调和表情。所以大人说话时，要注意语调和表情，这对孩子的语言学习和情感体验起着非同寻常的作用。

梁大夫零距离育儿问答

1 冬天很冷，是不是不用外出活动了？

梁大夫答： 即使到了冬季，只要天气晴朗，风不大，可以在中午带孩子到户外活动1小时。半岁后，孩子从母体中获得的抗体会慢慢消失，如果不加紧锻炼，让孩子自身产生抗体来适应外界的变化，就难以抵御病毒细菌的侵袭。冬天户外活动能增强孩子呼吸道耐寒能力，对预防呼吸道疾病有积极作用。

2 孩子喝水呛着了怎么办？

梁大夫答： 应立即让孩子俯卧在大人膝盖上，用力拍打其背部，让孩子把水咳出来。如果因咳嗽引发呕吐，应迅速将孩子的脸侧向一边，这样可以避免食物反流回咽喉、气管。然后用手帕缠在手指上，伸进孩子嘴里，将呕吐出来的食物清理出来，以保证孩子呼吸顺畅。最后，用小棉签清理孩子鼻孔，以免鼻孔堵塞。如果自己处理不好，可在做简单处理后送到医院进行处理。

3 孩子从5个月开始，夜间睡眠1~2个小时就一醒，只能给喂乳头，怎么办？

梁大夫答： 这是当初没有给孩子建立良好的入睡习惯，养成了孩子倚赖妈妈乳头入睡的习惯。如果孩子已经吃饱了，也不是尿了或大便了，就不要用乳头安抚睡觉。建议从现在开始，最好夜间由爸爸来安抚，这需要家长的决心和耐心。

4 孩子6个月了，开始添加辅食后就腹泻，第四天出现水样大便，怎么办？

梁大夫答： 刚开始添加辅食可以从一小勺开始，不要急于加量。等孩子适应三四天后，再逐渐加量。如果腹泻不严重，可观察一两天，只要孩子状态好，可以继续尝试添加辅食。

不该留下
遗憾的事儿

第 7~9 个月：
爱吃手，学爬行

 重返职场，放弃母乳喂养

好遗憾呀

宝妈： 许多年轻妈妈在产假一结束就要上班去了，那么原本喝母乳的孩子就只能喝奶粉了。我也不例外，虽说舍不得孩子，但还是在长辈们的劝说下继续上班去了。这样一来，孩子很早就断了母乳，不得不说我至今仍对此事觉得很遗憾。如果重新选择，我一定会做个全职妈妈，坚持母乳喂养，全心全意照顾孩子。

 努力做好背奶妈妈

不留遗憾

梁大夫： 上班族妈妈可使用吸奶器吸出母乳，放于冰箱冷藏贮存，最好将母乳分成小份冷冻或冷藏，并在上面贴上标签，记上日期，方便家人或保姆根据孩子的食量喂食。现在商场里有专门的吸奶器和母乳储存袋售卖，使贮存更加方便。只要妈妈母乳充足，即使重返工作岗位，也能保障孩子的母乳喂养。

 辅食没添加鸡肝、猪肝，使孩子轻度贫血

好遗憾呀

宝妈： 前段时间，坊间传说市场上售卖的猪肝、鸡肝有毒，宝宝吃了不好，我就一直没有给他做含有猪肝、鸡肝的辅食。可能是因为很少补充这类食物，宝宝有点轻度贫血。虽说我也明白动物肝脏是补铁的极好食材，可就是误信了传言。医生也说吃点猪肝汤之类比单纯用铁剂效果要好。

 猪肝、鸡肝是补铁好食材，不可因噎废食

不留遗憾

梁大夫： 民间关于猪肝、鸡肝有毒性的传言，宝妈们不可相信。只要是经过了市场检疫的肝类食品，都是安全的。如果因为一些流言而放弃食物补铁，那是得不偿失的。孩子从日常饮食中补充微量元素比单纯靠补充剂补充更好。因此，只要是经过检疫部门检疫的肝类食品，妈妈们可放心购买。

手上细菌多，不让吃手

好遗憾呀

宝妈： 孩子特别喜欢吮吸手指，每次看到他吃手，就会打他的小手，以为这样可以让他戒掉。可是孩子的手上仿佛有白糖，有时还是忍不住吃一两下。有一次，孩子拉肚子，老公认为肯定是吃手害的，手上细菌多。后来，我带孩子去看医生，医生说，孩子在1岁以前吃手是正常现象，关键是家长要及时洗干净小手，这样就不会因为吃手沾染细菌而拉肚子了。

别限制孩子吃手，保持手是干净的就行

不留遗憾

梁大夫： 著名心理学家弗洛伊德把婴儿出生后第一年称为"口欲期"，在口欲期孩子通过口的吸吮动作使自己的需求得到满足。家长如果总是制止孩子吃手，可能会影响孩子眼手协调能力及抓握能力的发展，并破坏他的安全感和自信心。所以，只要孩子不把手指弄破，在清洁和安全的前提下，无须强行阻止孩子吃手。平时准备两块干净的毛巾，替换着随时给孩子擦手就行。

孩子流口水很正常，认为不用护理

好遗憾呀

宝妈： 孩子出乳牙前后，一天到晚流口水，那时我们在农村，也不太注意卫生，我给他系上一块嘴围，流口水的时候擦擦就好，认为不用护理，觉得等到孩子大了就不流口水了。渐渐地，孩子嘴巴周围开始出现红色的疹子，可能是因为痒，他还伸手去抓。我一看这不是湿疹吗？去医院，医生说，嘴围脏了没有更换，引起孩子细菌感染了，我这才弄明白了，流口水也需要家长悉心呵护。

孩子流口水，应以干净棉布擦拭

不留遗憾

梁大夫： 孩子流口水，也称为流涎或唾液增多，这些唾液对皮肤有一定的刺激性，如果护理不周，极易引发口水疹，在嘴巴周围或下巴会有发炎情况。孩子流口水需要更周到仔细的清洁护理，避免生病。孩子出牙其实是一个不太愉快的过程，如果因为流口水而家长没有注意卫生发生口水疹，会影响孩子的情绪。所以，家长在此期间要注意卫生，时常以干净棉布擦拭孩子口周皮肤。

7~9 个月孩子的发育指标

指标	体重（千克）	身高（厘米）	头围（厘米）
男宝宝	7.83~10.42	67.4~75.2	42.9~46.6
女宝宝	7.28~9.98	65.9~73.6	41.8~45.4

7~9 个月孩子的神奇本领

开始用膝盖爬行，动作比较流畅。

能拿着奶瓶喝奶，奶瓶掉了也会自己捡起来。

知道自己的名字，叫他名字时他会做出反应。

给孩子不喜欢的东西，他会摇摇头，玩得高兴时，他会咯咯地笑，表现得非常欢快活泼。

能将东西从一只手传到另一只手。

会啃咬了，食欲大增，营养要均衡

增加辅食次数，减少母乳喂养次数

这个阶段，母乳喂养的次数可以减少，而逐渐增加辅食的次数，孩子白天可以只吃 2~3 次母乳，时间可安排在早晨起床后或晚上睡觉前。但需要注意，要让孩子从辅食中补充 2/3 的营养，8 个月的孩子一天可以添加 4~5 次辅食。

怎样添加辅食营养才均衡

这个阶段，孩子辅食的进食量增加，要给孩子准备营养全面而均衡的食谱。粥、面条、馄饨是富含碳水化合物的食物；新鲜蔬果是富含维生素的食物；肉类、肝泥、蛋黄等是富含蛋白质、铁的食物；还需要额外添加 5~10 克油脂，推荐以富含 α - 亚麻酸的植物油为首选，如亚麻子油、核桃油等。妈妈要注意将富含这些营养素的食物搭配在一起给孩子做辅食。

7~9 个月，孩子的体重增长逐渐缓慢，但仍在稳步增长着。这个阶段孩子体重每月平均增长约 0.25 千克，就在正常范围内。

准备磨牙食物，缓解牙床不适

进入 7 个月的孩子，已经开始逐渐萌出牙齿，牙床开始发痒，于是他们变得喜欢咬这咬那。这一阶段应让孩子多吃磨牙食物，不仅能缓解孩子牙床的不适，还能锻炼咀嚼能力，刺激牙龈，促进牙齿生长。

食物最好用刀切碎后再喂

这个阶段的孩子可以用舌头把食物推到上腭了，然后再嚼碎吃。所以说，这个阶段最好给孩子喂食一些带有质感的食物，不用磨成粉，但要用刀切碎了再喂。

孩子吃的食物软硬度以可以用手捏碎为宜，如豆腐的软硬度即可。从米粉过渡到米粥。

给孩子创造条件，让他利索爬行

为孩子的爬行创造良好条件

孩子开始爬行了，爸爸妈妈一定要意识到：孩子需要活动空间了、需要装备了！

准备爬行装备

连体服：上衣和裤子连成整体，任凭孩子怎样活动都不会曝露腹部、腰部，尤其可以保护肚脐。初学爬行的孩子最好穿连体服，熟练爬行后的孩子可以穿普通衣服。

护肘、护膝：爬行时，孩子的肘部、膝盖等可能会受伤，尤其是比较淘气、胆子较大的孩子，最好穿上护肘、护膝。

消除危险因素

直接接触到的：针线、笔、别针、纽扣、香烟、化妆品等。爬行时的孩子恰逢口欲期，随手抓到的东西就会塞进嘴里。

间接触碰到的：触碰、拉拽一样东西（比如桌布）导致与之有关的器具（热水瓶、碗碟等）掉下。尤其要注意电源插座的处理。

孩子不会爬怎么办

帮助孩子协调四肢

孩子学习爬行时，妈妈可以扶着孩子的双手，爸爸扶着孩子的双脚，妈妈拉左手的时候爸爸推右脚，妈妈拉右手的时候爸爸推左脚，让孩子的四肢被动地协调起来。这样教一段时间，等孩子的四肢协调好后，就可以自己用手和膝盖爬行了。

让爬行中的孩子腹部着地

在练习爬行时，刚开始可以让孩子的腹部着地，不仅能训练孩子爬行，还能训练孩子的触觉。一旦孩子能将腹部抬离床面靠手和膝盖爬行时，就可以在他前方放一只滚动的皮球，让他朝着皮球慢慢地爬去，通过训练他会爬得很快。

多与会爬的孩子一起玩耍

孩子模仿能力很强，可以让他与一些会爬的孩子一起玩耍。与同龄孩子的同步爬行的意识会激励着孩子，能给孩子带来极大的动力和积极性。

背带、腰凳的安全使用攻略

7个月的婴儿脖子已经能完全立直，是可以背的，但是由于孩子尚小，还不能抓牢妈妈的肩，所以即使要背，也一定要用背带或者腰凳，而且不要连续使用超过2小时。

什么时候可以使用背带和腰凳

背带	一般认为4个月以下的孩子，由于骨骼太软，建议少用背带，否则可能影响孩子的骨骼发育。大一些的孩子，家长可以根据他的发育情况而定，如果颈部肌肉还未发育好，不能很好地支撑头部，脊柱和髋关节也未发育完全，应使用能支撑保护头、颈部和整个脊柱的背带或者背巾，并采用前抱式，让孩子膝盖张开并高于髋关节，随时观察孩子的状态，避免出现因背带挤压口鼻而窒息。
腰凳	腰凳与背带、背巾的根本区别在于，使用腰凳时孩子是"坐"着的。当孩子腰部的生理弯曲形成、脊柱发育为S形，而且腰、背部肌肉足够有力后，才能够承受"坐"这个动作和家长走路颠簸带来的压力和冲击，也就代表可以使用腰凳。所以建议家长在孩子能够自己扶着东西站起来，并且自己迈步之后再使用腰凳，以免对脊椎和髋关节发育造成不良影响。

使用婴儿背带、腰凳要注意什么

足够牢固	尽量选质量好的品牌肩带，做工要精致、牢固，接触孩子皮肤的部分必须是纯棉面料，吸水性强，柔韧耐用
足够紧	保证孩子的身体姿势是固定的，不会滑落或者因姿势偏移而产生窒息等风险
足够高	孩子应该足够高，大人一低头就能亲到
足够承重	背带的肩带宽度应大于7厘米，必须采用四点式安全蝴蝶扣，并能承受20千克以上重量
足够支撑	背带、背巾需要支撑住孩子的背部，让孩子的胸部和腹部靠近大人

"妈妈别走"！
六步缓解孩子的分离焦虑

孩子在8个月左右，开始对陌生人和陌生环境产生害怕的情况，一旦妈妈从孩子的视线中消失，他就会表现出明显的不安且哭闹。这就是孩子的分离焦虑。

六步应对分离焦虑

给予分离缓冲期

当爸爸妈妈需要和孩子分离前，应提前准备一段缓冲时间，一来方便做好和接替者的传递工作，让接替者了解孩子的各种习惯和对分离焦虑的反应程度；同时也有利于让孩子熟悉接替者，减少分离焦虑。二来爸爸妈妈也可以明确告诉孩子自己要去哪里，去做什么，尽可能多地安抚孩子，减少他面对分离时所产生的焦虑和不适应行为。

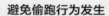

避免偷跑行为发生

当爸爸妈妈与孩子分开时，千万不要偷偷或强硬地与孩子分开，这样只会让孩子以后更加关注爸爸妈妈的一举一动，加重不安全感。与孩子告别后不要一步三回头，否则会让孩子觉得爸爸妈妈也留恋他，从而加重分离焦虑。

增加陪伴时间

如果爸爸妈妈经常陪伴孩子，会增加孩子的安全感，这样的孩子通常比较乐观，对幸福较有把握，分离焦虑感较弱。但如果爸爸妈妈平日对孩子疏于照顾，他的依赖心理没有获得满足，面对分离时会表现得更加害怕、悲观，分离焦虑感会格外强烈。

给孩子准备贴心物品

有些孩子有独爱的玩具，当爸爸妈妈与孩子分开时，可将他喜欢的玩具递给孩子，这些物品可以带给孩子安定、信任感，有助于缓解分离焦虑感。

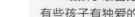

爸爸妈妈端正心态

爸爸妈妈不必过于紧张孩子的分离焦虑，那只会加深孩子对爸爸妈妈的依赖。对于减轻孩子的分离焦虑没有什么立竿见影的方法，随着孩子慢慢长大，这种现象会自然消除。相反，孩子对亲近的家人的反应总是格外敏感，爸爸妈妈的过度在意对孩子顺利度过分离焦虑期无益。

多接触他人

爸爸妈妈应有计划地多带孩子外出，多接触其他人，并且鼓励孩子主动与其他人交往，这样有助于培养孩子的社交能力，同时也可以有效降低孩子对爸爸妈妈的依赖感。

最好的早教是陪孩子玩

 趣味游戏 做鬼脸

游戏目的：

锻炼孩子的识别能力。

游戏准备：

床上、地板上均可。

游戏这样做：

❶ 在孩子精力充沛时，妈妈模仿老虎，说"我是大老虎，嗷呜"，同时模仿老虎的表情，张大嘴巴，瞪大眼睛。

❷ 模仿小猫，说"我是小猫咪，喵呜"，同时模仿小猫咪，用手指表示胡子。

❸ 模仿小老鼠，说"我是坏老鼠，吱吱"，同时五官挤到一起模仿老鼠的表情。

❹ 反复做各种鬼脸，逗引孩子观察各种表情的变换。

 表情要夸张，但别恐怖

早教指南

　　7~9个月的孩子已经能够识别亲人的面部特征，通过一些表情变化游戏，可以让孩子对表情的认识更为深入，还可以帮助孩子缓解面对陌生人时产生的焦虑。注意给孩子做鬼脸时，表情尽量夸张，但不要太恐怖，以免给孩子心理造成不良影响。

音乐游戏 听音乐

游戏目的：

节奏训练，为音乐审美打下基础。

游戏准备：

准备一段有明显高低音区别的乐曲。

游戏这样做：

❶ 妈妈抱着孩子听音乐，并不时对孩子说："宝宝听，音乐多好听啊。"

❷ 当听到音乐高音部分时，将孩子高高举起，并对他说："宝宝长高了。"

❸ 当听到低音部分时，把孩子放低，说："宝宝变矮了。"

❹ 反复几次。

 用音乐和儿歌去感染孩子

早教指南

　　这个游戏是以音乐和儿歌的感染力去激发孩子，使孩子在愉快的情绪中进行简单的节奏训练，为培养孩子的音乐审美打下基础。

　　每次训练时，要先使孩子留意听音乐，直到发现孩子在听音乐时，再将他举高或放低，让他在运动中感受到音乐的高低变化。

梁大夫零距离育儿问答

1 孩子 7 个月了，母乳喂养，但到现在都不吃辅食，看见汤勺就嘴巴紧闭，怎么办？

梁大夫答： 不要断母乳，现在一定要给孩子添加辅食了，否则太晚会影响其发育，而且孩子会更加拒绝辅食。每次喂辅食哪怕只喂一小勺，只要开始了，孩子就会慢慢习惯。

2 孩子 8 个月，现在老爱吃衣服，是不是缺什么微量元素？

梁大夫答： 这时的孩子处于口欲期，对外界的物体都喜欢用嘴去探索，什么都想拿过来吃一吃。这并不是一种病态的行为，不用去医院，也和缺乏微量元素没有什么关系。建议家长可以给孩子买专门让孩子咬的口胶。

3 我家孩子一直奶粉喂养，现在坐久了会倒下，还不会爬，会不会发育迟缓呀？

梁大夫答： 7~8 个月的孩子坐久了会倒下这很正常，因为孩子的脊柱还不能支撑很长时间。孩子学习爬是一项比较难的运动技能，再加上有些孩子不喜欢爬，这就需要家长对孩子进行训练。训练爬行的过程要有趣味性，要引起孩子的兴趣，可用他喜欢的玩具在前面逗引他。

4 孩子快 8 个月了，爬和坐都不错，但翻身时、转头时关节就会响，这是怎么回事？

梁大夫答： 一般 3 个月大到 1 岁的孩子，都有可能出现关节响。这种情况可能是因为关节韧带比较松，或者关节内脂肪垫活动时发出声音，属于正常的生理现象，随着孩子逐渐发育，这一现象就会消失，家长不要紧张。如果关节响的同时关节活动受限，就必须去医院就诊。

5 我家孩子 8 个月了还未出牙，是不是缺钙啊？

梁大夫答： 孩子出牙时间的早晚主要由遗传因素决定。通常孩子是 6~9 个月开始出牙，有些孩子 4 个月就开始出牙，出牙较晚的快到 1 岁才有牙齿萌出。所以 8 个月的孩子仍未出牙不属于什么特殊情况，只要孩子身体好、状态好，家长完全可以放心，平时合理哺乳和添加辅食即可。可以领孩子多到户外晒太阳，牙齿自然会长出，没有必要给孩子补钙。

6 孩子快 8 个月了，还坐不稳，需要帮忙支撑，是因为他太胖了，还是因为缺钙？

梁大夫答： 运动能力发展缓慢和缺钙没有必然的联系。孩子超重确实是会影响孩子的运动发育。如果孩子还不能独坐，或者不喜欢坐，也不必勉强。建议可以让孩子多趴着，趴着可以锻炼孩子的腰背部肌肉，帮助他以后爬行。可以在孩子坐着的时候，用玩具在他的斜上方逗他，吸引他的注意力，这样可以延长他坐着的时间，慢慢就会越坐越稳了。

7 孩子睡觉仰卧好还是俯卧好？

梁大夫答： 相对来说，孩子仰卧最安全，可以最大限度地减少婴儿猝死综合征的风险，但一直仰卧睡觉的孩子可能会溢奶，容易导致误吸，也可能出现扁头。孩子的睡姿顺其自然最好，但是俯卧时要将床上的一切物品清理干净，特别是不能有松软带毛的物品出现，以免堵塞口鼻。

8 宝宝快 9 个月了，近期总是喜欢用手拍打头部，烦躁时拍打更凶，为什么？

梁大夫答： 宝宝 8 个月以后会有撞头、拍打头的动作，很多家长会认为是因为头疼或者头痒引起来的，其实这只是宝宝表达自己情绪的一种方式，并不是某些疾病导致的，不需要过于紧张。如果真的是头疼，那就不只是拍头了，宝宝会用哭闹来表达疼痛不适。

第 10~12 个月：会扶站了

不该留下遗憾的事儿

 学做辅食的速度赶不上孩子长大的速度

好遗憾呀

宝妈： 我是典型的 80 后，独生女，到我自己当上了妈妈才发现，原来做妈这么不容易！不说别的，就说做辅食吧，我觉得是一件特别繁琐的事。刚开始的时候，我都上超市给孩子买现成瓶装辅食，后来我慢慢自己做。刚开始做弄得手忙脚乱，由于味道不太好，孩子吃得很少。我发现孩子喜欢吃甜的，就在辅食中加糖，那时我自己尝了下也不觉得怎么甜，但孩子发生了龋齿。现在想来，我真是不称职的妈妈，做个辅食这么艰难。

 买好器具，提前学做辅食

不留遗憾

梁大夫： 妈妈们在孕期就可以学着如何做辅食，到孩子 6 个月大的时候就能派上用场了。其实现在做辅食也方便，什么榨汁机、搅拌机都大大降低了做辅食的难度，关键在于辅食要做孩子又爱吃又有营养的。家长在制作辅食时，以多样化、精细化、营养化为主，从含铁米粉开始，到蛋黄、水果泥、肝泥、肉泥、蔬菜泥等，最好不要放盐和糖。因为此时孩子对味道极其敏感，大人吃着没什么味儿，他们吃得却是有滋有味，所以食材的天然味道就可以满足孩子的饮食要求。

觉得食物要剁得细孩子才好消化

好遗憾呀

宝妈： 自打孩子添加辅食，她奶奶一直将各种食物用研磨机给打成粉状，加水制作成泥糊喂给她吃。刚开始，孩子还很喜欢，长得也可以，但两三个月后，就不怎么爱吃了。医院检查发现营养不良，医生说，9个月左右的孩子不能只吃泥糊状的辅食，一是不利于长牙，二是营养在制作过程中有所流失，越精细的食物营养流失得越多！

辅食制作应根据孩子的年龄和牙齿发育来

不留遗憾

梁大夫： 孩子的辅食制作应随月龄的增长而变化，从流体→颗粒→半固体→固体，渐进地进行咀嚼训练。8~12个月的孩子正值牙齿生长期，需要经历门牙切碎、牙床咀嚼、磨牙研碎逐渐向成人饮食过渡的阶段，食物的性状也要由糊状转为半固体进而到固体。家长可做些烂面条、肉末蔬菜粥等，并逐渐增加食物的体积，由细变粗，由小变大，从而满足孩子生长发育的需求。

什么都替孩子做，现在动手能力差

好遗憾呀

宝妈： 孩子从婴儿时期到他现在快满1岁了，他的任何事情都由我安排，吃饭由我喂、穿衣我帮他穿。他爸爸说，现在孩子大些了，可以让他自己用勺子吃饭，起先我也想让他自己学着用勺子盛饭吃，可每次看到他拿着勺子把桌子搞得一团乱，我就忍不住又亲自上阵喂他吃饭了。就是这种"我来做反而更快更利索"的想法，使得孩子上了幼儿园，都还是不会用勺子、筷子。

鼓励孩子动手做，没做好就教他做

不留遗憾

梁大夫： 许多妈妈对孩子总是呵护备至，什么事情都替孩子做好，却没想到当他自己拿着勺子舀饭吃的时候就已经迈出自立的第一步了。当孩子开始有想自己吃饭的意愿，妈妈只需在一旁观察，如果他能自己做到就赞扬他，他会在做的过程中增强动手能力和自信心。孩子一开始自己吃饭总会把饭舀得到处都是，家长在必要的时候教他方法、协助他，一次不会教两次，当他会做的时候，家长记得一定要当面表扬他。

10~12 个月孩子的发育指标

指标	体重（千克）	身高（厘米）	头围（厘米）
男宝宝	8.58~11.23	71.4~79.3	44~47.7
女宝宝	8.03~10.48	69.8~77.7	43.3~46.5

10~12 个月孩子的神奇本领

喜欢拿着蜡笔乱涂了。

能扶着东西站稳，有些孩子自己能独立站稳了，并且扶着围栏或家具可以走了，有的孩子能独自走2~3步。

会自己用勺盛饭入口了。

能够找出发声源，能听懂几个字的句子。

知道具体的物体是什么，在哪里。当妈妈问他"洋娃娃在哪里"时，他会用眼睛或用手指，来表明他认识这个物体。

能够用一个单词表达自己的意思。

辅食向主食过渡，奶开始变为辅食

饭菜由辅食变为主食

随着孩子一天天长大，奶已经满足不了他的生长发育需求了，需要由辅食来提供营养。这个阶段孩子的饮食结构要逐步向幼儿期过渡，一日三餐以饭菜为主，中间加两顿点心。奶还是要喝，但不要放在正餐前后，以免影响进食。所选的食物应包括粮食类、肉类、蛋类、鱼类、蔬菜和水果。

食物硬度比大人的饭菜稍软一些

这时候，大部分孩子都正在长或已经长出了上下中切牙，可以咬得动较硬的食物，但臼齿还没有长出来，不能把食物咀嚼得很细，因此饭菜要做得比大人软一些，如软饭、细面、饺子、烂菜、碎肉等。不需要像以前一样把食物制成泥或糊，蔬菜只要切成丝或薄片再煮烂即可，能帮助孩子适应幼儿期的食物形态。

每餐食物量稍有增加

以前吃4~5餐的可以适当减少餐数，但每餐的进食量要略微增加，为大人食量的1/3~1/2，约半碗。如果以往一直以粥为食，现在可以尝试换成软米饭，可在喂粥前先喂2~3匙软米饭，适应后即可完全换成米饭。奶每天喂2次，每次200~300毫升即可。

给孩子挑选合适的手指食物

手指食物指在引入固体食物之后，孩子可以自己用手抓取进食的食物，通常手指食物都是小块或小条的形状，以便孩子抓握、咬食。给孩子推荐下面这几种手指食物：

磨牙饼干

奶酪

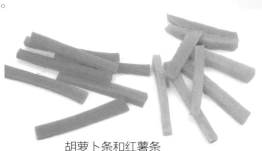

胡萝卜条和红薯条

孩子开始学走路，要做好防护了

孩子可以迈出第一步了

孩子能熟练地爬行，平稳地坐下来，而且能够抓住身边的东西站起来。有些孩子还能摇摇晃晃走几步。不同的孩子会有很明显的差异，有些孩子1岁左右就能自己走路，而有些孩子1岁多才学会走路。对于这一年龄段的孩子，妈妈应该给予帮助和鼓励，锻炼孩子独立行走。

给孩子穿便于走路的衣服

由于孩子的活动非常频繁，所以要穿便于活动的衣服。孩子活动量大，容易出汗，因此要经常换洗衣服，保持清洁。不会走路的孩子，穿的衣服应该和大人在安静状态下感觉舒适时所穿的衣服一样厚薄。如果孩子已经会走会跑了，就要比大人少穿一件。

孩子喜欢爬高，妈妈不要阻止

爬高是孩子的兴趣所在，尤其是已经学会走的孩子，他们的小腿更有力气了，更喜欢爬高了。妈妈没必要制止孩子爬高，免得伤害孩子的自信心。不过在孩子爬高时，妈妈不要离开孩子一臂的距离，要将危险的物品收起来，拿走窗户旁边可以垫脚的物品，在地面上铺上厚垫子等，在保证安全的前提下，给孩子充分的自由。

孩子穿袜子，保护小脚丫

1 避免外伤。随着月龄的增长，孩子下肢的活动能力会增加，常会乱动乱蹬。这样一来，损伤皮肤、脚趾的机会也就增多了，穿上袜子可以减少这类损伤的发生。

2 保温防寒。孩子的体温调节功能尚未发育成熟，当环境温度略低，摸孩子的脚就会感觉凉凉的，如果给他穿上袜子，就能起到一定的保温作用，避免着凉。

3 清洁卫生。孩子肌肤接触外界的机会多了，尘土、病菌等有害物质可通过孩子娇嫩的皮肤侵袭身体，增加感染机会，穿上袜子能起到清洁卫生的作用，还能防蚊虫叮咬。

双手扶着家具会走几步

孩子理发时不配合，
这 4 招轻松控场

妙招 1 做游戏，增加认同感

很多家庭都会给孩子准备一套理发用具，干净又放心。平时可以多拿出来给孩子看一看、玩一玩，孩子熟悉之后就不会那么害怕了。跟孩子玩理发的游戏、观摩他人理发的过程等都会减轻孩子的不安全感。当孩子熟悉理发的过程后，就容易放松，也愿意在理发时配合家长。

妙招 2 10 分钟以内理完发

大多数孩子天性好动，难以长时间集中注意力，因此顺利完成理发的关键，就是要尽量缩短理发的时间。孩子理发的时间控制在 5 分钟为宜，最长也不要超过 10 分钟。这就要求爸爸妈妈做好准备，多掌握理发的技巧。刚开始不熟练，如果一次理不完，也可以看孩子的心情，分两次理完。

妙招 3 停下逗一逗

让孩子一动不动坚持 5 分钟很困难，可以先定个小目标，坚持 5 秒钟。理发前，和孩子约定好，"从 1 数到 5，就可以动了"，每次数完后拿开理发器，让孩子稍微动一下，这样双方都轻松，也有利于接下来继续理发。

妙招 4 鼓励奖赏连带哄

1 岁以下的孩子可以拿他平时最喜欢的玩具来分散其注意力。1 岁以上的孩子，妈妈可以提供一些他爱吃的辅食等，告诉孩子理完发就可以吃了，让孩子配合理发。有了激励和目标，还有最爱的爸妈亲自操刀，孩子也会努力克制自己，渐渐不再害怕理发。

教孩子说话应避免的 4 个误区

这个月龄的孩子多数已会说"妈妈""爸爸"了，家长要经常跟孩子说话，起到示范的作用，让孩子慢慢理解并模仿。在教孩子说话时，应避开 4 个误区：

误区 1：
重复孩子的错误发音

刚学会说话的孩子多存在发音不准的现象，如把"苹果"说成"苹朵"等。爸爸妈妈可能会觉得好玩，觉得孩子很可爱，于是总喜欢重复孩子错误的发音，这无疑会在不经意间强化了这个错误的发音，让孩子觉得这是对的。

当在孩子错误发音后，爸爸妈妈要用正确的语言重复一遍，比如孩子说"苹朵"，妈妈就假装听不懂地问："你说的是苹果吗？"并注意强调"苹果"的读音，在正确语音的指导下，孩子发音才会逐渐正确。

误区 2：
用"婴语"和孩子说话

用"婴语"和孩子说话，表现为叠词结构的短语，这样的语言并非完整的用语，例如把"吃饭"说成"吃饭饭"，"睡觉"说成"睡觉觉"。有些爸爸妈妈以为孩子只能听懂这些婴语，或者觉得这样说很有趣。

如果长期用这样的语言与孩子讲话，会拖延孩子过渡到说完整话的时间。有老人的家庭，这样的语言出现频率更高，爸爸妈妈要适时与老人沟通，尽量减少这样与孩子对话。

误区 3：语言环境复杂

有些家庭中爸爸妈妈、老人、保姆各有各的方言，语言环境复杂。多种方言并存，会使正处于模仿学习成人语言的孩子产生困惑。因此在孩子学习语言的关键期，家人应着重教孩子普通话，避免语言环境过于混乱。

误区 4：用电视教说话

语言是联系人类情感的工具，妈妈对孩子说话，是妈妈爱孩子的表现，孩子通过感知这些掌握语言。即使电视的声音一直响着，他也不能学会说话，因为人与人之间的感情联系是电视无法给予的。不仅如此，电视的声音反而会成为杂音，导致孩子听不清妈妈的语言。因此，为了教孩子学说话，最好不要开电视。

最好的早教是陪孩子玩

 语言游戏 小蜜蜂，嗡嗡嗡

游戏目的：

提高孩子的语言理解力。

游戏准备：

一个蜜蜂头饰。

游戏这样做：

❶ 妈妈和孩子面对面坐在床上，妈妈在头上扎一个头饰，扮成小蜜蜂。

❷ 妈妈一边念"一只小蜜蜂"，一边用手指做"1"的动作。

❸ 念"飞到花丛中"时，伸出两只手在身侧做"飞"的动作。

❹ 念"飞来飞去嗡嗡嗡"时，夸张地用嘴表演"嗡嗡嗡"的动作，并将头靠近孩子。

 建议家人多用特定动作呈现语言

早教指南

　　通过有儿歌伴随的游戏可以提高孩子的节奏感，促进孩子语言发展，帮助孩子理解语言和动作之间的关系，提高孩子的学习能力。建议妈妈平时多用特定动作呈现语言，鼓励孩子随语言做相应动作，并对孩子的行为给予积极回应。

 运动游戏 拔河小勇士

游戏目的：

锻炼孩子手臂的力量，培养孩子的自信心。

游戏准备：

准备一根 40～50 厘米长的粗绳子。

游戏这样做：

❶ 妈妈和孩子面对面坐好，让孩子拉住绳子的一头，妈妈抓住另一头。

❷ 鼓励孩子用力拉住绳子，给孩子加油。妈妈控制好力度，只要孩子能拉紧绳子就行。

❸ 妈妈的身体可有意识地随着绳子的松紧前倾后仰，就像拔河一样。如果孩子抓不住，爸爸可协助。

 帮助孩子增强自信

早教指南

　　平衡练习能锻炼孩子的勇气，训练他对危险的预估能力，帮助他对自己的能力和目标进行合理的比较和判断。孩子如果能经常判断正确，就会增强自信。

梁大夫零距离育儿问答

1 我家孩子非常淘气，还不听话，我是不是可以对他进行惩罚呢？

梁大夫答： 不建议用惩罚的方法教训孩子。尤其是1岁以前的孩子，身体协调能力较差、思维方式单一，很多时候犯错误并不是故意的。孩子1岁以后才会有分辨是非的能力。如果1岁以上的孩子做错事了，首先要告诉孩子他错了，妈妈很生气，然后要告诉他错在哪里，让他认识到自己的错误。

2 孩子会扶着东西迈步，可总感觉小腿弯弯的、伸不直，是罗圈腿吗？

梁大夫答： 由于孩子在妈妈子宫里生长时总是弯腿盘曲，所以2岁以前的孩子都有轻度的"O"形腿（也就是罗圈腿）。在以后的发育生长过程中，如果不出现其他干扰因素，随着站立、走、跑等动作的开始，孩子下肢向内弯曲的现象能够自行矫正。这个月已经会迈步走的孩子，要继续鼓励他自己行走，只是站立和走路的时间不宜过长。

3 孩子脾气不好怎么办？

梁大夫答： 当孩子无理取闹时，可以采用冷处理的方法。适当强制性地让他休息片刻、换种方式转移孩子的注意力或者选择暂时冷落他一阵。要让孩子知道发脾气的做法没有用，慢慢他就会停止用发脾气来达到自己的目的了。之后在家长的耐心教导下，逐步学会自我控制情绪。

4 闺女马上就满1岁了，见谁都愿意跟，没有防范意识，怎么办？

梁大夫答： 1岁左右的孩子还不理解"危险"的含义，所以对生人没有防备，这也是正常现象。家长只能加强防范。等孩子到了一岁半左右，可以利用过家家等游戏，让孩子初步了解不是所有人都能被信任。但是要注意方法，应该说"和陌生人走了之后，就见不到爸爸妈妈"之类的话。

Part

2

幼儿期（1~3岁）
身体发育减慢，应防意外

1岁1~3个月：
喜欢户外玩耍

不该留下
遗憾的事儿

 让孩子尝试新食物时
没有足够耐心

好遗憾呀

宝妈： 我家小宝绰号"瘦猴儿"，为什么呢？因为太瘦。不知道的还以为我虐待他，其实是他自己挑食、偏食造成的。但归根结底，还是我起初给他添加辅食时没有足够的耐心所致。孩子是母乳喂养，在刚刚开始接触各样辅食的时候大多是排斥的。我喂什么进去，他吐什么出来。那时我也是不够耐心，会责备他。后来就形成只给他做他喜欢吃的辅食，不喜欢吃的干脆就不做了，时间一长，这挑食、偏食的毛病就养成了。我觉得挺遗憾，如果当时能多点耐心，各种味道都让孩子尝试，或许就不会这样了。

 有足够的耐心来应对尝试
新辅食时遇到的困难

不留遗憾

梁大夫： 家长在孩子婴幼儿时期就要注意培养其良好的饮食习惯，引导他以吃饭为乐趣，有良好的进食欲望。当孩子一开始拒绝某种食物时，妈妈可当着他的面吃一点，一边吃一边做出很好吃的样子，从而使他对这种食物产生好奇和尝试的欲望。接受一种食物后，还要接触多种食物。如果婴儿能广泛接触各种食物，就能使他们在幼儿期乃至成人期都更容易接受新的食物，避免挑食、偏食的发生。

给孩子穿有响声的鞋子

好遗憾呀

宝妈：前些年的时候，市场上很流行一种叫叫鞋，称可以提高孩子学步的兴趣。当孩子踩在地上时，会发出响声和闪光。孩子刚学走路，我忍不住给他买了一双。开始的时候，孩子很高兴地穿着走来走去，可是不久，我发现孩子走路的时候很喜欢低头去看那闪光，一开始我没怎么在意，后来担心时间长了孩子会含胸驼背，就没再给他穿了。

别给孩子穿有响声的鞋子

不留遗憾

梁大夫：孩子学走路是很自然的过程，不需要外物来引导。所谓的有响声和发光的鞋子不过是吸引孩子感兴趣的招数，对孩子走路姿势有不良影响。叫叫鞋的音响设备装在鞋后跟，只有脚后跟用力踩地才能发出响声和闪出亮光，这就促使孩子走路先将脚后跟使劲着地。这会通过脊柱对大脑造成冲击，由于走路看鞋子，还容易养成孩子含胸走路的习惯。所以建议家长不要给孩子穿这种有响声的鞋。

担心磕了碰了，过于保护孩子

好遗憾呀

宝妈：家里的老人对孩子总是过于呵护，为了安全，极力阻止孩子的各种尝试。等到孩子上幼儿园的时候，老师向我反映，全班只有我的孩子胆子最小，并且吃饭总是要老师来喂，因为她连勺子都不会用，更不用说用筷子了。我也很遗憾，那时该提醒老人让她多锻炼锻炼，也许现在就不会这么依赖别人了。

要注意培养孩子的主动性和独立性

不留遗憾

梁大夫：孩子在1岁后，会想独自做事，如自己吃饭、开门等。孩子独立性的需求关系到自信心、自理能力以及责任心的建立。但这种需求往往会在家长的过度溺爱及保护下被弱化，妨碍了独立能力的形成，逐渐发展成过度依恋依赖、胆小自卑。既然孩子想自己做，妈妈要勇于放手，让他自己吃、自己玩、自己睡，即使他做得不好，也不要责怪，最好手把手教孩子怎么做，但不可以替孩子做。

1 岁 1~3 个月孩子的发育

指标	体重（千克）	身高（厘米）	头围（厘米）
男宝宝	9.20~11.93	74.9~82.8	45.3~48.4
女宝宝	8.64~11.18	73.5~81.4	44.1~47.2

1 岁 1~3 个月孩子的神奇本领

能够搭起两块积木，会把手指伸到小孔中，会用拇指和食指对捏捡起细小的物品，会自己拿勺吃饭。

会跟着大人主动说出一个单词，会用表情、动作和简单的语言表达完整的意思。

味觉很灵敏，对不同的气味有不同的反应。

双手伸着往前走，走路不再摇摇晃晃，有的孩子还会扶着栏杆抬起一只脚踢球。

主动与外界交流，遇到从未见过的陌生人，会很警觉地向后躲，但是也会观察陌生人。

能听懂更多的语言，能认识更多的事物。

10 个月~2 岁断奶，孩子舒服、妈妈轻松

不要急于给孩子断奶

建议妈妈坚持给孩子喂母乳至少 6 个月，添加辅食之后应继续母乳喂养，最好能一直坚持到一岁半。即使到了 10~12 个月，也不要急于放弃母乳，吃母乳是孩子的权利，也是孩子最幸福的事情。因此，所谓的给孩子断奶并没有明确时间，而应根据孩子的自身情况而定。

别用断奶"绝招"伤害孩子

孩子吸吮乳汁是一个与妈妈交流感情的过程，断奶也要顺其自然。有的妈妈为了给孩子断奶，在乳头上涂抹苦瓜汁、辣椒水、风油精等刺激物。这种方法的确有效，但会让孩子受到伤害或感到被欺骗，令孩子缺乏安全感，甚至产生恐惧心理，会使孩子拒绝吃东西，从而影响身体健康。此外，还可能让孩子养成吸吮手指、咬衣角等不良行为。

让孩子睡小床，为断夜奶打基础

很多妈妈习惯用喂奶哄孩子睡觉，这样做会导致断奶时遇到困难。因为孩子已经习惯了晚上含着妈妈的乳头睡觉，半夜醒来，只要吃几口奶就会很快再次入睡，一旦断奶，孩子夜间醒来就会哭闹。所以，如果妈妈有给孩子断奶的打算，可以尝试着分床睡，在孩子夜里醒来时不喂母乳，而是拍拍孩子，这样会为成功断奶打下基础。

断奶是指断母乳，并非断绝一切乳制品

为了能让孩子获得生长发育所必需的充足营养，断母乳后，每天仍应该给孩子喝 300~400 毫升的配方奶。对于消化功能较弱、对辅食适应较慢的孩子，可适当增加奶量，弥补辅食摄入的不足。

科学而温柔地给孩子断奶

建议妈妈科学地给孩子断奶，让孩子平稳地过渡到新的生长阶段。

准备断奶

在孩子吃辅食情况较好的时候考虑断奶；不要选在孩子生病、精神状态不佳的时候；最好在春秋两季。

开始断奶

- 孩子如果夜里醒来哭闹，象征性地吃几口奶后很快入睡，说明他不是饿醒的，而是对夜奶有依赖。此时，妈妈可以准备断夜奶了。
- 断奶前，如果孩子没有喝过配方奶，妈妈最好让其先熟悉、接受奶瓶。
- 第一次使用奶瓶，千万不能强求孩子接受，可以装上母乳、温水或果汁，如果孩子不喜欢，就立刻拿走，第二天继续尝试。注意不要让孩子产生强烈的反感时再拿走，否则孩子接受起来会更加困难。

- 断奶前两天，每天用1次配方奶代替1次母乳。第三天起（根据孩子接受情况，可以延迟一两天），2次配方奶代替2次母乳。
- 断奶过程中，如果孩子生病或长牙，可以暂缓断奶进度。
- 断奶过程中，妈妈乳房如果不是特别胀痛，最好别挤奶。涨奶比较厉害时，可稍微挤一些缓解即可。

断奶期间，有些事情让爸爸来做

断奶过程中，家里的长辈可能建议妈妈与孩子分开几天，这种方式没必要。别忘了，爸爸可以代替妈妈做一些事情，分散孩子的注意力。比如，爸爸可以代替妈妈给孩子喂配方奶、辅食，妈妈只需要暂时避开一下。如果孩子很乐意爸爸喂食，在孩子吃饱后，爸爸还可以哄着孩子配合穿脱衣服、洗澡，带着孩子到户外学走路，接触更多的人和事物，还可以跟孩子做一些游戏等。渐渐地，孩子养成了新的兴趣和生活习惯，断奶也就非常自然了。

孩子断奶后，应该喝配方奶还是牛奶

断奶是指断母乳，并非断绝一切乳制品。孩子断奶后喝配方奶还是纯牛奶，其实是与孩子断奶时的年龄有很大关系。

1 岁前断奶
因为胃肠道发育不成熟，不能消化纯牛奶等奶制品，因此可用配方奶代替母乳。

1 岁后断奶
胃肠道功能越发完善，可以消化纯牛奶等食物，首选配方奶，如不接受配方奶，也可逐渐给孩子尝试纯牛奶，如果孩子能够接受纯牛奶，且没有出现过敏反应，就可以用纯牛奶来保证孩子每天应该摄入的奶量了。

有些孩子对牛奶蛋白过敏，不能直接喝牛奶或普通配方奶，这就需要通过特殊配方奶来过渡了。

转换牛奶两大补充条件

1 孩子的大部分营养主要靠一日三餐来摄取。孩子 1 岁以后，辅食应该逐步过渡成正餐，而奶则成了辅食，因此要保证一日三餐均衡，每餐都要有四大营养类食物：

2 每日奶量不过量，最理想的是一天 2 份奶制品（如果换算成牛奶的话，大约是 400 毫升）。孩子 1 岁后，奶已经成为辅食，需要逐渐控制孩子的奶量，不喧宾夺主。同时，由于牛奶比配方奶含有更大颗粒的蛋白分子，过量的牛奶摄入会对孩子的肠胃和肾脏造成负担。

畜肉、禽肉、鱼肉、蛋类

奶及奶制品

蔬菜、水果

谷物（米饭、面包、面条）

给孩子挑选合适的鞋子

穿上鞋子走路对孩子来说是新的体验。为了让孩子更好地走路，增加走路的兴趣，妈妈要为孩子选双舒适的鞋子。

一双合适的学步鞋

学步鞋就是指孩子在学步阶段穿的鞋子，如果孩子能在没有大人的扶持下独立行走时，就不需要穿学步鞋而应穿硬胶底的童鞋了。

现在市面上有专门的学步鞋，妈妈应挑选鞋底软、大小合适、孩子走起路来不容易掉的就可以。有的学步鞋鞋底有防滑橡胶，能防止孩子滑倒。妈妈也可以用结实的袜子代替鞋子度过一两个月，到孩子能在地上走得很稳的时候，再买普通的童鞋穿。

火眼金睛挑童鞋

看尺寸
孩子的脚趾碰到鞋尖，脚后跟处可塞进大人的一根手指。

下雨天可穿雨鞋踩水
对于南方雨天较多的地区，到了1.5岁左右可穿雨鞋。下雨天气，穿上雨衣、雨鞋到户外踩踩水，孩子会觉得很高兴。

看面料
优质软羊皮是首选，软牛皮次之，塑料和合成革最好放弃。因为塑料和合成革透气性差，孩子穿着会觉得闷湿，不但会脚臭，还会刺激皮肤。

看鞋帮
鞋帮处最好高于脚踝，而且柔软，能保护孩子的脚不受伤害。

看鞋面
鞋面要柔软，最好是光面，不带装饰物，能预防孩子在行走时被牵绊而发生意外。鞋的前端最好头圆而宽大，方便孩子活动脚趾。

看鞋底
鞋底最好选富有弹性的，用手可以弯曲，防滑，可稍微带点鞋跟（防止孩子走路后倾，平衡重心）注意鞋底别太厚了。

每天 1~2 小时户外活动，好处多多

孩子的户外活动包括哪些

　　孩子的户外活动是什么？让孩子坐着超市购物车逛超市？妈妈每天抱着去菜市场溜达一圈？统统不是。孩子的户外活动是能让孩子运动起来且没有玩具的活动。

玩水　玩沙子　荡秋千　滑滑梯　玩草

孩子户外活动的好处

有效而免费的早教活动
阳光、风、树木花草、泥沙、小朋友，可以让孩子学习科学、生物学、语言、气候等，比以后在书本上学得的更加生动活泼。

培养孩子的自信
户外充满挑战，生理和情感上的能力都得到锻炼，孩子亲身体验到"我可以"的感觉，比从大人口中听到的"你真棒"效果要好得多。

学习基本规则
与其他孩子接触，互动之中，一些基本的规则（如何应对争执、如何自我保护等）对孩子有着潜移默化的影响。

户外活动中，父母能做什么

保护孩子安全	孩子户外活动要注意防晒、防虫咬、防中暑、防脱水。避免在日晒最强烈的时候出门，同时要给孩子多喝水
不要打扰孩子	不要因为孩子弄脏衣物而干预他的活动，否则会剥夺其好奇心和兴趣
进退有度	**适当陪伴：**孩子胆怯的时候，家长可以陪伴其顺利度过准备阶段 **适当躲开：**孩子可以独立玩耍时，要适当放手 **适当介入：**与其他孩子发生冲突时，3 岁以下的孩子有必要介入其中，可以让孩子了解正确的处理方法，这也是家庭教育的一部分

巧用加湿器，预防孩子呼吸道疾病

秋冬时节，过于干燥的空气容易让孩子皮肤干燥、瘙痒等，特别是有暖气或使用空调后，室内的空气湿度会下降，容易诱发或加重孩子过敏、咳嗽等呼吸道问题。加湿器是保持室内适宜湿度的理想选择，对孩子的皮肤和呼吸道具有保护作用。但要注意放在孩子碰不到的地方，同时尽量远离热源、腐蚀物、电器等。

空调合适温度

英国的标准是 16～20℃
美国的标准是 20～23℃
中国的标准是结合自身的体感舒适，通常建议 24～26℃

冬季室内湿度标准

冬季室内湿度水平应保持在 30%～60%，最理想的是保持在 50% 左右

选购加湿器的三个依据

根据房间面积选择功率

为了保证加湿器更好地发挥作用，需要根据房间的大小来选择功率大小合适的加湿器。如果只是希望在家里局部地方提高湿度，比如在孩子的床边，那么一个小功率的加湿器就足够了。

根据使用时间选择容积

如果需要长时间使用加湿器，就需要选择一款水箱容积足够大的加湿器，避免频繁加水的麻烦。

优选易拆装的，好清洁

加湿器最好每天、每周定期进行清洁，因此在选购时最好选择方便拆装的款式。

加湿器清洗小妙招

- 每天一次常规清洗：将剩余的水倒出，用流水冲洗储水罐，擦干底座即可使用。
- 每周一次彻底清洗：用白醋溶解水垢，然后将水垢冲刷掉，注入一部分水，加入清洁剂彻底清洗；清洗底座时，注意不要使出汽口进水，底座的水槽可以加一点水，加入清洁剂清洗。
- 收起之前：彻底清洗，注意擦干、晾干后再收起来。
- 使用之前彻底清洗：每年开始使用加湿器之前，需要彻底清洗一次。
- 有抗菌功能的加湿器也要定期清洗。

最好的早教是陪孩子玩

 语言游戏 小鸭这样叫

游戏目的：

学会根据成人的语言提示指认事物，同时练习发音。

游戏准备：

小动物图画书、小鸭子玩具。

游戏这样做：

❶ 妈妈和孩子一起看小动物图片，让他指一指什么动物在哪里，学一学小动物怎样叫。

❷ 妈妈手拿小鸭子玩具放在背后，对孩子说："看看谁来啦？"然后出示给他看，问他这个动物怎么叫。妈妈可以模仿鸭子的叫声，引起孩子的兴趣。

  用游戏方法教孩子说话

早教指南

以游戏的方式教孩子学说话，孩子会觉得很有趣。如果孩子可以发出几个单词，大人要及时给予表扬。

 感觉游戏 风婆婆

游戏目的：

学习原地转圈，感知快慢和动停。

游戏这样做：

❶ 妈妈抱着孩子做儿歌《风婆婆》的动作，让孩子体会明显的快慢差异。

❷ 把孩子放在地上，妈妈边背儿歌边引导他原地转圈。

> **风婆婆**
>
> 风婆婆，送风来，（慢慢地原地转圈）
> 大风不来小风来。（动作同上）
> 大风刮得呜呜响，（原地转圈速度稍快）
> 大风刮得怪凉快。（原地转圈速度放慢）
> 风停了！（站立不动）

学习转圈，并感受快慢

早教指南

这时候的孩子已经学会自转一两圈，有的甚至会转好几圈，有的还不会原地转圈，后者主要是由于缺乏练习。可以让孩子顺时针转一转，再逆时针转一转，学习正反两个方向都会转圈。转的时候动作要慢，在慢的基础上稍微加快速度或减慢速度，让孩子感受到快和慢的不同。

梁大夫零距离育儿问答

1 我儿子爱玩儿，翻柜子爬上爬下，很担心他的安全，怎么办？

梁大夫答： 建议家长要尊重孩子爱玩的天性，如果过分限制孩子的行为，只会扼杀孩子求知的热情，使他失去许多学习机会。"不行""不可以"这样的话，比任何东西更能毁坏孩子的求知和探索，对孩子产生长久的抑制作用。如果想禁止孩子做什么事，最好的办法是把他引向其他的玩具或游戏。

2 孩子一岁多了，头发不是很黑，能不能给他吃点芝麻、核桃啊？

梁大夫答： 孩子的发质一半是遗传原因，一半是基于后天营养。所以头发黄不能认定孩子就是缺乏营养。一岁多的孩子在快速发育，很多孩子头发都是又细又黄，等慢慢长大后头发就会变黑、变粗了。芝麻和核桃含有卵磷脂、锌、蛋白质等，有助于养发。将芝麻和核桃磨成粉，每天吃1勺。

3 孩子1岁3个月了，走路有点内八字怎么办？

梁大夫答： 15个月的孩子刚学会走路，出现内八字和外八字大多数情况都是正常的，等到走路越来越稳，都会自己纠正。需要注意的是，如果孩子走起路来像只鸭子，那就要去医院检查，排除髋关节半脱位或髋关节畸形等。

4 孩子1岁3个月了，偶尔叫爸爸、妈妈，什么都听得懂就是不说，是发育迟缓吗？

梁大夫答： 孩子的语言发育有很大的个体差异，有的1岁就会说话，有的到3岁才会说连贯的句子。你的孩子会叫爸爸、妈妈，属于正常现象，不必多虑。多给孩子创造良好的语言环境，多带孩子接触外面的世界，无论对语言发育还是认知发育都很有好处。

1岁4~6个月：更愿意自己玩

好遗憾呀

大人喂饭前用嘴尝，孩子感染了幽门螺杆菌

宝妈：老人在给孩子热的饭菜前总先用嘴去尝一尝是不是会烫嘴，觉得不烫了才端给孩子吃。我看见后说过一两回，可并没有什么作用。孩子长大一些，总说胃疼，时不时还会吐上几次，到医院一查，原来竟感染了幽门螺杆菌！很遗憾当初没有坚持己见，以至于后来孩子受苦。

不留遗憾

不要用自己的嘴去触碰孩子要吃的食物

梁大夫：不少家长在喂养孩子时太随意，用自己的筷子甚至嚼烂食物后喂给孩子，这种做法容易让孩子感染幽门螺杆菌。幽门螺杆菌是存在于胃及十二指肠球部的一种细菌，感染后会引起慢性胃炎。专家表示，许多家长怕孩子嚼不碎东西，就把食物嚼碎后再喂给孩子，有的在喂食时先用舌头试试食物的温度，而这个不卫生的喂食习惯容易让孩子感染上幽门螺杆菌。

给孩子做饭添加儿童酱油

好遗憾呀

宝妈：市面上有不少儿童酱油都吹嘘不含添加剂、味道鲜美。我也给孩子买了一瓶，想着做菜的时候放一点。有一回，我直接将儿童酱油拌在饭里，没想到，孩子一口气吃了一大碗。虽说没什么营养，可孩子爱吃就放一点。可是，孩子的口味越吃越重，如果酱油放少了，他就觉得不好吃。后来我好不容易才把他吃酱油饭的习惯给改了过来。

孩子的饭菜要控制好食盐和酱油的量

不留遗憾

梁大夫：妈妈在给孩子准备食物时，要控制食盐和酱油的量，从小就养成孩子的"淡口味"，以降低成年后患高血压的风险。1岁以内的孩子奶中钠离子能满足要求，辅食中不宜添加调味品，包括酱油。孩子对盐的敏感度要高于成年人，虽然在粥里加了酱油大人不觉得咸，可是孩子已经感觉到咸了，如果长期吃过咸的食物，会增加肾脏负担。1岁以上的孩子可以适当地吃一点酱油，但也不宜过多。

给孩子多喝骨头汤补钙

好遗憾呀

宝妈："喝骨头汤补钙"是流传已久的民间常识。孩子姥姥总喜欢给她一岁多的小孙子买棒骨熬汤，然后把汤和在饭里给他吃。一段时间喝下来，孩子长得胖乎乎的，到医院做体检的时候，医生说："你们给孩子吃的啥，体重超标了。"我就说是骨头汤，补钙。医生说："骨头汤里没有多少钙，可是脂肪含量很高，怪不得孩子长得这么胖。"回家以后，我跟我妈说，以后一周喝一次骨头汤就行了，别天天喝了，都超重了。

补钙还是奶制品比较好

不留遗憾

梁大夫：有人测试，骨头汤中的含钙量一般为每一百毫升2～4毫克，而牛奶的含钙量是100～105毫克。所以，要想通过食物补钙，还是以牛奶及奶制品为佳。给孩子补钙喝熬制的骨头汤是一直以来的观念误区。骨头汤一方面比较油腻，脾胃差的孩子吃了以后会消化不良，另一方面骨头汤含钙量少且不利于孩子吸收。骨头里的钙是以羟基磷灰石形式存在于骨骼中，不会轻易溶解到汤里，汤里面的钙微乎其微。

1 岁 4~6 个月孩子的发育

指标	体重（千克）	身高（厘米）	头围（厘米）
男宝宝	9.75~12.61	77.8~85.8	45.9~48.9
女宝宝	9.20~11.88	76.7~84.6	44.8~47.7

1 岁 4~6 个月孩子的神奇本领

语言能力快速发展，现在可能已经会说简单的句子。

下蹲、向前走、向后走都很熟练。

现在对其他小朋友不感兴趣，更愿意自己玩，甚至会有攻击其他小朋友的可能。

平衡能力更好，会跳，会用手拧旋钮，如用手打开瓶盖。

有种不认输的精神，自己玩玩具时，如果玩不好会一直尝试，可能会和自己生气，甚至扔掉玩具。

能够分辨物体的形状，喜欢玩橡皮泥。

孩子不爱吃饭？
可能是家长犯了这几个错

孩子不爱吃饭，妈妈很担心。可是，也许孩子不爱吃饭正是由于妈妈的错误喂养导致的。以下做法妈妈应尽量避免，以免造成孩子不爱吃饭的状况。

错误做法 1：催孩子吃饭

有的孩子吃饭慢，催他快吃会破坏他的胃口。当孩子表明自己吃饱时，就不要逼他再多吃。妈妈需要做的是给孩子吃有营养的食物，让他自己决定吃多少。妈妈对孩子要有信心，他比父母清楚自己吃多少才够。永远不要坚持让孩子吃完碗里的所有食物，那样做可能会让孩子吃得太多，导致积食或肥胖。

警惕长期吃得少，且体重偏低

如果孩子就一顿饭不吃，妈妈不必太担心，积极准备下一餐即可。但如果孩子长期吃得少，并且体重偏低，或者妈妈怀疑孩子不吃饭是由于某些身体原因导致的，可向医生求助。

错误做法 2：进餐程序不规律

有的妈妈怕孩子饿着，喜欢在快吃饭或刚吃完饭的时候给孩子吃零食，这会破坏孩子的食欲，降低孩子吃饭的兴趣。如果孩子正餐没有吃饱，也别在饭后很快就给他吃零食。妈妈可给孩子制订一个规律、固定的进餐程序，等到下一次加餐或正餐时再给他吃东西，孩子有些饥饿感会激发他吃饭的兴趣。

错误做法 3：饭前给孩子喝太多水

饭前喝太多水会破坏孩子的胃口，妈妈要记住，别在饭前 1 小时内给孩子喝太多鲜牛奶、鲜榨果汁等。如果孩子口渴，只给他喝少量温水，也可以让孩子饭前喝少量汤，来帮助分泌胃液。

错误做法 4：午餐安排在孩子的午睡时间

如果孩子要午睡了，妈妈就别再让孩子吃午餐了，孩子可能因为太困而不想吃东西。为了避免孩子太饿，可以给孩子吃点零食或喝牛奶，把正常该吃的饭菜留到他醒来之后再吃。

排查家中的潜在危险

　　过了周岁的孩子学会了走路，手也渐渐灵活起来，会的动作也越来越多，对身边的事物越来越好奇，越来越喜欢到处探索，但面临的风险也随之加大，而且还不能充分保护自己，因此家长一定要格外留意，对家庭环境进行一个彻底的检查和处理，排除潜在危险物。

注意家中常见危险隐患

1 电插座安装安全防护罩。把电线藏到家具后面。

2 能开的柜门、冰箱门、电烤箱门、浴室里的马桶等都要有安全保护措施。

3 不要使用桌布或餐垫——以防孩子拉拽，使上面的东西掉下去。

4 刀具、日化用品、化妆品、药物、易碎物品、贵重器皿或其他危险物品都要锁起来，或放在孩子够不到的地方。

5 不要让孩子拿到超过20厘米的线绳，落地窗帘的拉绳不要让孩子够到，也不要给孩子穿有拉绳的衣服。

6 使用窗户栏或把窗户关好，不要把孩子能够攀爬的家具放在窗户附近。

7 把垃圾桶放在孩子够不着的地方，或用一个孩子打不开的盖子盖上。

8 处理掉家里养的有毒或带刺植物，或将它们放到孩子找不到的地方。

9 把花盆、灯具、电风扇等容易绊倒或碰倒的东西都不要放在孩子能够得着的地方。

10 给孩子的玩具上不能有纽扣、珠子、丝带或其他能被孩子拽下来并放到嘴里噎到自己的东西，并尽量让孩子远离花生米、核桃、小石子等可能会噎住的物品。

睡前故事魔力大

睡前故事不仅能让孩子安静放松下来，尽快入睡，还有助于大脑的发育，而且，可以大大增强父母与孩子之间的联系与交流。

睡前小故事有大作用

加强亲子沟通

养成学习习惯

开发智力

讲睡前故事需要注意的

1. 睡前是一段温馨的时刻，因此，家长应该避免讲述一些带有恐怖色彩的故事。

2. 可以针对孩子出现的具体问题，适当地选择相应的故事来讲，比如通过孔融让梨等教孩子懂礼貌。

睡前故事怎么读

挑选适合孩子的故事

给孩子选故事的首要原则就是"适宜"，即符合孩子的心智发育水平，睡前故事也不例外，"听不懂"往往成为孩子拒绝听下去的主要理由。为了让孩子产生兴趣，可以买一些色彩鲜艳、质量好的图画书，而不必强求学习书中的文字。

适当重复一个故事

所谓的日日常新都是家长的一厢情愿，孩子并不讨厌重复听一个故事，而且经过了聆听、理解、记忆、复述这四个阶段，会逐渐加强孩子的记忆力，慢慢地孩子会记住一些故事情节，等到孩子会说整句话的时候，甚至可以接着家长的话讲下去。

让孩子参与进来

给孩子讲故事，需要语言生动、表情丰富，让孩子有身临其境、如见其人、如闻其声的感觉，这样才能增强故事对孩子的吸引力和感染力，激发孩子去感知、联想和想象。比如妈妈可以和孩子一起边看书边说出书中的动植物等。

帮孩子建立安全意识

父母给孩子树立好榜样

　　家长是孩子的第一个老师，孩子总是有意无意地模仿家长的动作和行为，但是孩子还小，还没有足够的能力去分辨哪些行为该模仿，哪些行为不该模仿。因此，家长在孩子面前不做存在安全隐患或者违反公共秩序的行为，不给孩子模仿不良行为的机会，避免留下安全隐患，比如不要闯红灯、跨越护栏。

重复练习，正向引导

　　大部分习惯在建立的过程中，重复练习是最重要的，孩子的安全意识也是一样。这个过程中最大的挑战就是孩子的情绪——哭。当他们的意愿没有被满足的时候，一定会用哭来表达不满和示威，他们在"测试"父母的容忍度，一旦他们发现父母是非常认真的、不妥协的，几次之后，他们就不会再去尝试了。

让孩子体会危险的严重性

适度体会"烫"

　　在一些没有生命危险的事情上，让孩子尝试一下，感受一下后果，帮助孩子在语言和感受之间建立联系。比如孩子不知道"烫"的概念，即使妈妈大声说"烫"，他可能还是会去摸。此时，妈妈可以用两个一模一样的杯子，分别倒入冷、热水，让他有不同的触觉感受，并指着热水杯告诉他"烫"，让他对"烫"有充分的了解。以后当孩子再次听见父母说"烫！危险！"的时候，他会联想到身体上的感受，这是非常重要的！

了解"高"的危险

　　父母在一旁保护孩子的前提下，可以故意把孩子放在10～15厘米高的平台上，看看孩子的反应，如果不害怕就再把他抱到更高的桌子上，如果孩子爬到桌子边缘就停止动作，就趁他害怕时告诉他："这很高，很危险，不能爬到上面玩，如果下不来就要喊妈妈。"

多体会，多感知，多防备

　　在保证孩子安全的前提下，还可以用类似的方式教孩子了解"扎手""夹手""摔跤"等危险之处。

最好的早教是陪孩子玩

 运动游戏 钓鱼

游戏目的：

学习钓的精细动作，学习点数，培养做事有耐心。

游戏准备：

一套磁性钓鱼玩具。

游戏这样做：

❶ 妈妈先做示范，把磁性钓竿的线绳收短后，再去钓小鱼带磁性的头部。

❷ 鼓励孩子自己钓更多的磁性小鱼，和孩子一起数数共钓了几条。

❸ 逐渐将钓竿的线绳放长，再来钓小鱼。

 多练习，孩子慢慢就会了

早教指南

　　刚开始，孩子还不清楚用钓竿的磁坠儿去钓，只知道用钓竿的顶端去碰小鱼，或者干脆等不及直接用手拿。经过练习，孩子知道了用钓竿的磁坠儿去碰小鱼的头部，但只能将钓竿的线绳收得很短才能钓起，之后，孩子逐渐放长线也能将小鱼钓起来了。

认识游戏 商品小买卖

游戏目的：

提高孩子的认知和语言能力，培养孩子一些粗浅的买卖关系。

游戏准备：

水果卡片和蔬菜卡片若干，和纸币差不多大的纸片若干。

游戏这样做：

❶ 将水果卡片和蔬菜卡片分别贴在墙上，给孩子一些和纸币差不多大的纸片做"钱"。

❷ 让孩子来买水果、蔬菜，启发孩子说出水果或蔬菜的名称，当念出物品名称后取下相应的卡片给孩子，并收孩子的"钱"。

 游戏时要有耐心

早教指南

　　注意要选择一些孩子常见的水果蔬菜，这样才有利于发展孩子的认知。孩子如果说不出来，大人要耐心地教。孩子对这个游戏很感兴趣，大人可以鼓励孩子开口说。孩子只要发出正确的音就可以得到东西，这会让他有小小的满足感。然后鼓励他买不同的东西，提高他的语言能力。

梁大夫零距离
育儿问答

1 1岁4个月的孩子喜欢嚼东西，给个花生米，嚼了半天没见吐，他能吃花生吗？

梁大夫答： 16个月的孩子咀嚼能力还不够，不应该给孩子吃花生等坚果，不仅不宜嚼烂，也不利于消化吸收。但孩子爱咀嚼食物也是锻炼咀嚼能力的过程，并不是坏事。提醒一下，孩子咀嚼坚果时，不要呵斥孩子，要避免孩子情绪波动，以免呛入气管。

2 孩子1岁4个月了，手指经常长倒刺，怎么办？

梁大夫答： 孩子手指长倒刺与手部物理摩擦、皮肤结构以及空气干燥程度有关。家长千万不要将倒刺直接用手撕下来，否则会连带撕扯下较大块表皮，甚至会流血，非常痛。正确的做法是，将孩子长有倒刺的手用温水浸泡一会儿，待皮肤柔软后，用小剪刀从倒刺根部剪去。

3 孩子1岁5个月了，动不动就发脾气，怎么哄都哄不好，我该怎么办？

梁大夫答： 孩子的自我意识越来越强，但是语言表达能力还相对弱。很多时候，孩子不知道如何表达自己的意愿，或者父母根本不了解他的意愿，他就会用发脾气的方式发泄。如果你不知道孩子为什么发脾气，最好的办法就是保持冷静，等孩子脾气过了，再问孩子发脾气的原因。用孩子能听懂的话加以劝导，并且明确告诉他乱发脾气是错误的。

4 我家孩子是扁平足，这个会影响走路吗？

梁大夫答： 孩子的脚底脂肪都比较厚，而且韧带也比较松，所以几乎所有的孩子此时看起来都像是扁平足，不过3岁以后，足弓就会显现出来了。即使孩子3岁以后还是扁平足，也不是什么严重问题，不需要担心。

1岁 7~9 个月：长成大孩子了

 在孩子牛奶中加入钙剂，以为补钙效果好

好遗憾呀

宝妈：孩子一岁半时，有点挑食，出牙缓慢，平时只爱喝牛奶，我就把买来的液体钙剂直接倒进他的牛奶中，以为会增强补钙快快出牙。一段时间以后，孩子出牙还是缓慢。我问了医生原因，医生叫我给孩子查一下微量元素，结果显示，孩子根本不缺钙！医生还说，即使孩子需要补钙，也是牛奶、补钙剂分开吃，才会有利于孩子的吸收利用。现在想来，当初的观念真是不科学。

 不可盲目给孩子补钙

不留遗憾

梁大夫：牛奶中的蛋白质遇到纯钙剂时，会产生化学反应凝结成块，影响人体对蛋白质和钙的吸收。另外，钙补充过量对人体反而是有害的。所以，不可盲目给孩子补钙。只要孩子饮食正常，母乳或者配方奶的摄入量都正常，没有缺钙症状，就不需要补充钙剂。由于个体差异，每个孩子对钙的吸收利用是不一样的。比如，相同补钙的情况下，爱运动的孩子比不爱运动的孩子要长得快，就是因为对钙质吸收的不同。在牛奶中加入纯钙剂，一是会发生化学反应，二是钙磷比例失衡，三是一旦摄入过量就会加重胃肠、肾的负担。即使孩子确实因为挑食而需要补钙，牛奶和钙剂也最好分开服用。

孩子长得快，买衣服得买大一号

宝妈：我比较节俭，给孩子买衣服总是买大一号，认为他很快就会长个子了，免得到时候又要花钱买衣服。于是，在别人的印象中，我家孩子从来都是穿宽大的衣服和裤子。有一次，孩子因为裤腿太长而被绊倒，一下跌到锅沿子上，流了好多血，直至如今，孩子额头上都还有个疤。我真是遗憾，如果当初不给他买大一号的衣裤，或许就不会发生这种事了。

合适的穿着是最有利的

梁大夫：衣服过大或过长，都不利于孩子安全。比如裤子长了，就将裤脚卷起来，这样既不美观，卷起的裤脚在跑动中容易滑落，使孩子跌倒。鞋子也是如此，如果给孩子穿大一号，容易伤脚，还会影响走路姿势。所以，家长给孩子买穿戴，最好以合适为主。

不吃蔬菜，就用水果代替

宝妈：许多人觉得蔬菜水果的功能都差不多，都能补充维生素和膳食纤维。所以当孩子不爱吃蔬菜时，就给他多吃水果。岂料，这个举动却给孩子的体质带来了不利影响。由于孩子总是吃奶、肉、水果，米饭、蔬菜则吃得很少，孩子看上去挺胖，其实免疫力很差，三天两头上医院。医生说，孩子是因为缺乏微量元素，导致抵抗力低下。

变换烹调方法使蔬菜美味可口，让孩子爱上吃菜

梁大夫：蔬菜中的矿物质在含量上要高于水果，尤其是绿叶蔬菜。因此，用水果代替蔬菜的观念是错误的。水果含糖量较高，吃多了容易使孩子产生饱腹感，影响正餐，还容易使人发胖。

1 岁 7~9 个月孩子的发育

指标	体重（千克）	身高（厘米）	头围（厘米）
男宝宝	10.30~13.33	80.5~89.0	46.4~49.4
女宝宝	9.76~12.61	79.7~87.7	45.3~48.2

1 岁 7~9 个月孩子的神奇本领

能打开门栓，能画出简单的图形。

具有很强的模仿力，通过模仿来学习。

至少会讲 10 个单词，有时会自言自语说一些听不懂的话。

爱问为什么，自我意识增强。

对食物的兴趣增加，培养良好的饮食习惯

均衡摄取 5 种营养素

孩子在 1.5～2 岁的时候，骨骼和消化器官会快速发育，同时也是体重和身高增长的重要时期。因此，要注意通过饮食供给充分的碳水化合物、蛋白质、矿物质、维生素、脂肪这 5 种营养素。饮食要多样化，粗细粮搭配，荤素搭配，保持均衡的营养。

孩子的饭菜尽量少调味

烹调孩子的饭菜宜选用合适的烹调方式和加工方法。要注意去除食物的皮、骨、刺、核等；花生、核桃等坚果类食物应该掰成小块，可直接吃，也可打成糊或打豆浆食用；宜选用蒸、煮、炖等烹调方式，不宜采用油炸、烤、煎等方式。1 岁后的孩子辅食可以适量添加盐、酱油等调味品，但是仍以清淡饮食为首选。有的食材本身含有盐分和糖分，就没必要调味了。孩子如果习惯甜味就很难戒掉，所以尽量不要用白糖调味。

从小注重孩子良好饮食习惯的培养

1 饭前做好就餐准备。按时停止活动，洗净双手，安静地坐在固定的位置等候就餐。

2 吃饭时间不宜过长，一般不超过 30 分钟。如果孩子边吃边玩，要及时结束进餐，并且告诉他进餐结束了，然后收拾餐具，千万不能让他把进餐和游戏画上等号。

3 进餐时要关掉电视。1.5～2 岁的孩子已经可以和大人共同进餐了，因此，家人应该给孩子创造愉悦的进餐环境，尤其是吃饭时不要看电视。如果进餐时开着电视，家人会专注于电视，而忽略与孩子的沟通。也会让他养成边看电视边吃饭的不良习惯。

4 培养孩子独立进餐。父母应该培养孩子自己吃饭，让他尽快掌握这项自理技能。尽管孩子已经学会了拿勺子吃饭，有时也会用手直接抓食物，这时，父母应该允许孩子用手抓食物，并提供一定的手抓食物，如小包子、馒头等，提高其进餐的兴趣。

适时进行排便训练

学会如厕是孩子成长中的一个里程碑，而且这一里程碑对父母来说也同样意味深长。

排便训练准备东西

便盆： 选购一个理想的便盆，要安全、舒适，容易清洗，盆底宽阔，高度适中，一般塑料制品就行。

小内裤： 带孩子去商店，让他自己挑选小内裤，这样能大大提高他对如厕训练的兴趣。穿上一条印有他最喜欢的卡通人物图案的小内裤，孩子会感觉自己长大了，很是自豪。为了不弄脏小内裤，他自然会减少"意外"的发生。

衣服： 选择棉质、宽松、吸水性强、易清洗的裤子。能让孩子明显地感觉到弄脏后的不舒适感，又比较容易清理，有利于孩子更快、更好地配合。

训练排便四步骤

1 一开始最好用便盆，因为孩子坐在便盆上会觉得更安全。

2 给孩子换纸尿裤的时候，脱下纸尿裤，让他坐在便盆上。可以把脏纸尿裤扔在便盆里，帮助他理解便盆的用途。

3 可以一天让孩子坐几次便盆，并鼓励孩子不穿纸尿裤在上面多坐几分钟。

4 鼓励孩子每天在的特定时间（如早上起床后、饭后、午睡和晚上入睡前）坐便盆。

孩子排便训练要注意什么

1 排便训练要循序渐进。要让孩子按照自己的规律发展，父母不能加速这个进程，只能观察和诱导。

2 强行训练不可取。让孩子自己决定是否需要排便，父母可以提醒，但决不能强迫。

3 用自然而豁达的态度对待孩子不能自控大小便，这是每一个孩子成长过程中的必经阶段，更不要流露出厌恶的情绪。

4 及时关注孩子的便意。一旦发现孩子有要大小便的表示，一定要迅速做出反应，不能拖延，因为孩子只能自我控制很短的时间。

5 及时鼓励很重要。每当孩子能自己控制住大小便时，应及时表扬，让他产生一种自豪感。

亲子班的利与弊

上亲子班有哪些好处

1 亲子班可以通过对幼儿父母的培训来帮助他们懂得如何对孩子进行教育。其实，对幼儿的教育非常关键的一个方面就是要让父母学会如何做个好家长。

2 参加亲子班，可让孩子同时跟家长和同龄的小朋友互动，孩子能够在轻松愉快的环境下活动，有助于适应集体生活。

3 亲子班可对孩子进行启蒙教育，让孩子尽快地适应幼儿园的生活。亲子班能够拉近父母与孩子之间的距离，培养家庭的幸福感。

亲子班可能存在的问题

1 亲子早期教育不同于幼儿园教育，它需要具备更强的专业性和科学性，很多幼儿园在开设亲子班时仅仅流于形式，导致早期教育走入歧途。

2 早教收费标准不统一，课程时间设置不规范。

3 管理不规范，教师的素质参差不齐。

四招教新手爸妈挑选好的亲子班

从业者必须有爱心	没有爱，就没有教育。作为亲子班的从业者必须要爱孩子、热爱自己的工作，如果没有对孩子的爱，再专业的人也无法做好这个工作
具有专业的师资	亲子班的老师必须是对 0~3 岁婴幼儿生理、心理发育特点非常了解的人。师资力量直接决定了亲子班的质量
具有良好的环境	亲子班的办学地点必须安全、环境适宜，具有卫生标准的设施和设备，同时消防设施齐全，使用的教具和玩具必须是无毒、无害的
符合孩子生长发育规律的教学内容	亲子班的教学内容必须符合婴幼儿阶段大脑和心理发展的特点，必须采取因材施教、因人施教的教育方针

最好的早教是陪孩子玩

 我爱交通工具

游戏目的：

认识几种交通工具，学习对交通工具进行分类。

游戏这样做：

❶ 帮助孩子将图中可以出行的交通工具圈起来，告诉孩子"这些都是交通工具，可以载人到别的地方。"

❷ 请孩子讲一讲这些交通工具的主要特点、在哪里驾驶以及用途。

 要让孩子知道类别名称

早教指南

有的孩子会将其他物品如电器、家具也指认为交通工具。孩子认识火车、飞机、汽车、自行车等，但不知道它们是交通工具，这与父母是否教类别名称有关系。平时妈妈在教孩子认一些车辆、轮船时，别忘了加一句"这是交通工具"。虽然孩子不很明白交通工具的概念，但由于经常重复，依靠机械记忆也会知道哪些是交通工具。

尽可能多地让孩子认识一些交通工具。在同城，带孩子乘坐公交车、小汽车、地铁、自行车等；去异地，可以乘坐飞机、火车、轮船等。在游乐园，带孩子乘坐马车、雪橇等。可配合交通工具图片和交通工具玩具让孩子认识和分类。

梁大夫零距离育儿问答

1 孩子1岁8个月了，还没有做过微量元素的检测，请问这一定要做吗？

梁大夫答：只要饮食均衡，孩子一般不会缺乏微量元素。血液检查基本能反映血液中的微量元素值，但孩子的饮食习惯、摄食种类、是否患有疾病等都会影响检测结果。所以，国家在2013年发出通知，规范了微量元素的检查流程和使用条件，如果不是诊断需要，不建议给孩子做微量元素检测。

如果医生需要诊断某种微量元素是否异常，不会单一只看检测结果，还会结合一些间接的指标来看。如判断孩子是否缺钙，需要结合体内维生素D的水平；判断孩子是否缺铁，会参考血红蛋白水平和血清铁蛋白的含量。

家长如果发现孩子有枕秃、不爱吃饭、爱哭闹等情况时，不能单就微量元素检测自行判断微量元素异常与否，应求助于儿科医生。

2 孩子现在1岁9个月，玩游戏时很快就失去耐心了，该怎么办？

梁大夫答：1~2岁孩子玩游戏或者做什么事时，只有在他会做、会玩、玩得快乐时，才会继续下去，不然他就会转移目标。所以这并不代表没有耐心。如果想要孩子专注于某个游戏，要保证这个游戏在他的能力范围之内，而且他也知道怎么玩。另外，这个游戏能够让他发挥想象，玩出创意。

3 孩子1岁9个月，只会偶尔念叨"妈妈"，会走但不能走太久，是发育迟缓吗？

梁大夫答：1岁9个月的孩子只会说几个字，这也算正常，有的孩子语言发育会慢些，有的到2岁才会说话。至于走路，不能看孩子走路时间长短，要看孩子走路姿势是不是正确，如果孩子能够全脚掌着地走路，那么就是正常的，没必要太担心。

1岁10个月~2岁：渐渐立规矩

不该留下遗憾的事儿

没看包装说明，保鲜膜拿来就给孩子包零食

好遗憾呀

宝妈： 保鲜膜是家里常用的东西，我常用保鲜膜给孩子包零食。如果是需要加热的糕点，我直接就放微波炉里加热。有一次，朋友看到我这样做后，大吃一惊，说："你胆子真大，本来用保鲜膜包零食就不利于健康，你居然还用来加热食物。"我也是头一次听闻这样不好，不由暗暗心惊。从此以后再也不敢用保鲜膜包食物。

看包装说明，不用以聚氯乙烯为原料的保鲜膜

不留遗憾

梁大夫： 目前市场上绝大部分的保鲜膜都是用乙烯做母料，并分为3类：①聚乙烯（PE）：用于食品的包装，如水果、蔬菜等；②聚偏二氯乙烯（PVDC）：用于熟食包装；③聚丙烯（PP），用于食品包装，可微波加热。但是有些商家会使用早已淘汰的聚氯乙烯（PVC）制作保鲜膜。这种保鲜膜是不可以用来包装食品的，其中的塑化剂会随着食物进入人体，尤其是富脂类食物，加热危害更大，可能致癌。那些黑色、红色和深蓝色的塑料袋就可能是这种原料。因此，家长在选择保鲜膜时一定要注意包装说明，不要选择以聚氯乙烯为原料的。

用奶片代替牛奶

好遗憾呀

宝妈：孩子非常喜欢吃奶片，只要出门玩耍，身上一般都带些奶片。有时候，我嫌冲奶粉麻烦，就直接给他吃奶片。当他多吃奶片之后，就会喊着要喝水，因为口渴。一段时间后，我发现孩子看上去好像胖了，身体素质却差了，很容易感冒。后来我才明白，奶片不仅含糖，而且富含脂肪，孩子摄入过多的糖分和脂肪，能不长胖吗？

奶片只能作为零食食用，不能代替牛奶

不留遗憾

梁大夫：市面上有的商家号称自家的奶片添加了多种营养，一片就等于一杯牛奶。超市里的奶片，就是脱了水的牛奶，再加上各种添加剂和凝固剂，糖和脂肪的含量也大大高于普通牛奶。奶片在加工过程中，由于温度过高，还会破坏其中的多种营养成分。所以奶片只能作为零食食用，而不能代替牛奶。

亲戚亲孩子，没有阻止

好遗憾呀

宝妈：我家孩子从小粉嘟嘟的，一次家里来了个亲戚，很喜欢孩子，就想亲亲他。我本来想去阻止的，可又怕她不高兴，就没有拦着。其实，我那亲戚本来就感冒了，这就是我想阻止她亲孩子的原因。没曾想，当天晚上孩子就有点发热，到医院一检查，病毒性感冒。现在想来好遗憾，当初还是该坚持己见，不让她亲孩子就好了。

不要让带病者和孩子有亲密接触

不留遗憾

梁大夫：当孩子还年幼的时候，由于免疫力低，很容易被带病者传染上疾病。家长需要注意的是，不要让带病者对孩子有亲密举动。即使是家人感冒了，也要尽量和孩子保持一定距离，并尽快医治，避免传染。

1 岁 10 个月~2 岁孩子的发育指标

指标	体重（千克）	身高（厘米）	头围（厘米）
男宝宝	10.88~14.01	83.3~92.1	46.9~49.8
女宝宝	10.34~13.31	82.1~90.7	45.8~48.6

1 岁 10 个月~2 岁孩子的神奇本领

走路变得更加娴熟，双脚靠得更近，步态更加稳了。

能搭高五六块积木。

会说出妈妈和自己的名字。

开始分辨出故事中谁是好人，谁是坏人。

会踢球，一脚站立另一脚踢。

放手让孩子独立吃饭

孩子已经能自己用勺子对付着吃饭了，甚至开始学着用筷子了。妈妈可放手让孩子独立吃饭，培养孩子的自理能力。

把勺子交给孩子

当孩子开始在妈妈喂饭时抢勺子，就可以把勺子给孩子，并给孩子准备一套专用餐具，如底部带吸盘的碗，大小合适的勺子。

让孩子自由吃饭

强迫左撇子的孩子改用右手吃饭，总是矫正再矫正，孩子会变得完全不会独立吃饭了。妈妈让孩子自由吃饭就行。

容忍孩子吃得一塌糊涂

当孩子吃饭时，要及时给予表扬，即使他把饭菜弄得到处都是，还是应当鼓励他自己吃饭。可以给孩子戴上围兜，能接住吃饭时掉下来的饭菜，也可以在坐椅下面铺上几张报纸，等孩子吃完饭后，只要收拾一下弄脏了的报纸就行了。

不一定让孩子自己吃饱

刚开始，孩子可能还不能自己吃饱饭。孩子吃累的时候，会用勺子在碗里乱搅，妈妈可以先喂一会儿饭。不过要在碗里留点儿东西，让孩子想自己吃的时候接着自己吃。

学吃饭是循序渐进的过程

有的孩子此时已经会拿筷子了，有的孩子还不会。学习自己吃饭是个循序渐进的过程，只要妈妈放手让孩子自己学习，他很快就会拿勺甚至拿筷子吃饭了。

让孩子习惯吃固体食物

提供和大人相似的食物，让孩子习惯吃固体食物。只是有些食物需要切成适合孩子的大小，但不要切得太碎，并确定这些食物是安全的。即使孩子不小心吞食了整块，这些丁块食物也仍然能够消化。

妈妈不妨常常做示范动作，提醒孩子要把固体食物咬一咬、嚼一嚼，让他能够更顺利地学习吃饭。

为孩子建立睡前程序

规律的睡前程序有助于孩子在临睡前渐渐平静下来，做好睡觉准备。

让孩子宣泄过剩精力

对于好动的孩子来说，在睡觉之前发泄一下过剩的精力是有好处的。让孩子四处跑上一小会儿，或让爸爸跟孩子一起玩个"骑马游戏"，都是让孩子释放能量的好方法。活动之后，妈妈要给孩子安排一些缓和的活动，让他安静下来。

给孩子洗个澡

睡觉前给孩子洗个澡，能使其放松、安静下来，为上床睡觉做准备。但如果孩子洗澡时过于兴奋，或不喜欢洗澡，就需要改为其他可让孩子放松的活动作为孩子的睡前程序了。

睡觉前刷牙

把睡觉前刷牙的习惯作为睡前程序的一部分，这对孩子的牙齿健康尤为重要。把刷牙这个事情当成每天的家庭小节目，而不是给孩子的任务，让孩子更容易养成好习惯。家长可参考96~97页的方法给孩子刷牙。

给孩子讲睡前故事

将孩子抱在怀里，跟他一起读睡前故事，这样孩子不仅能从睡前故事中学习新词，促进语言能力的发展，还能一起度过美好的亲子时光。

给孩子唱摇篮曲

妈妈用轻柔的声音给孩子唱摇篮曲，平静的旋律能让孩子很快安静下来。妈妈可以一边唱摇篮曲，一边轻轻拍孩子的背，能让困倦的孩子很快进入梦乡。

最好的早教是陪孩子玩

语言游戏 你问我答

游戏目的：

增加孩子的词汇量，发展其语言能力。

游戏准备：

带孩子到环境优美、空气清新的地方散散步。

游戏这样做：

❶ 散步途中，对孩子说："好漂亮的小鸟呀！小鸟该回家了吧？他们应该怎么回家呢？"引导孩子回答："飞回家。"

❷ 继续问孩子："我们也要回家了，我们怎么回家呢？"教会孩子回答"走回去""坐公交车"或者"搭火车"等。

为孩子说话营造真实、轻松的氛围

早教指南

在真实的场景中一问一答，能够极大地丰富孩子的词汇量，使孩子对这些词汇和语言有着更为真切的感受，让孩子能说、爱说。大人在提问的时候，可以先对问题做一些铺垫，引发孩子的联想，提问的语气要轻松愉快，让孩子感觉对话是愉悦的。

科学游戏 宝贝哪里去了

游戏目的：

感知溶解现象，培养对生活现象的观察能力。

游戏准备：

食品（如奶粉、糖、盐、花椒、小米、鸡精等），塑料杯若干个，勺子一个。

游戏这样做：

❶ 将一种可溶的物质和一种不可溶的物质分到一组。把几个塑料杯里都倒入一些水。把其中一组物质如盐和小米分别舀几勺到塑料杯里，向孩子介绍它们。

❷ 请孩子用勺子在塑料杯里搅拌，引导孩子观察是否有溶解现象。同样，再把另外几组物质倒进塑料杯里，让孩子观察它们的溶解情况。

教孩子理解"溶解"这个词

早教指南

教孩子用勺子搅拌塑料杯中的物质，然后问"杯子中的宝贝哪儿去了？"当孩子发现一些物质不见了，会觉得好奇。妈妈可以向孩子介绍"溶解"这个词语，使他对溶解现象有所感知即可。

梁大夫零距离育儿问答

1 孩子 1 岁 10 个月，换到小朋友的玩具，就认为是他的了，不再换回来，怎么办？

梁大夫答： 1 岁 10 个月应该懂得一些道理了。平日在家里，就要注意培养他的物权意识，例如什么是爸爸的、什么是妈妈的、什么是他自己的，爸爸的东西要得到爸爸的同意才能拿，拿来玩了后要归还，归还时要说"谢谢"。多训练孩子，帮他养成好的习惯。

2 我家孩子 1 岁 10 个月了，不喜欢阅读，该怎么引导他读书呢？

梁大夫答： 从亲子早教的角度说，1~2 岁的阅读是读图说图，重点在认知和说话。亲子共读需要爸爸妈妈引导孩子观察发现图的奥妙，在互动中说图，发挥想象，这才能引发孩子的学习热情。如果你只是简单地读，或者让孩子自己看，孩子都无法获得乐趣，自然不喜欢阅读。

3 孩子 2 岁，两个大门牙之间有个很大的缝隙，需要矫正吗？

梁大夫答： 乳牙间隙不需要矫正，这些间隙为恒牙的萌出提供了必要的位置，不必太担心。

4 孩子快 2 岁了，现在总是爱问"为什么"，我该怎么回答？

梁大夫答： 2~3 岁是孩子好奇心最强的时候，有时是孩子需要一个解释，有时是孩子不知道怎样用其他词来表达自己对某件东西的好奇。当孩子发现一个问题会带来长长的答案时，他会觉得非常满意。所以，家长要有耐心地回答孩子的问题。

5 我家孩子1岁10个月了，最近非常黏姥姥，其他人都不要，要怎么纠正？

梁大夫答： 22个月的孩子，只是要姥姥不要妈妈，这就是妈妈的问题了。如果孩子一直由姥姥带，而妈妈和孩子没有发展出依恋关系，忘了妈妈也很正常。想要让孩子对妈妈多一些依赖，妈妈就要多陪孩子，而且要专心陪孩子玩。

6 1岁10个月的儿子在小区玩，看到别的小朋友的东西他都要，怎么办？

梁大夫答： 如果孩子每天都有能玩、会玩、玩得专注的游戏，就不会有"什么都要"的问题。如果爸爸妈妈不会引导孩子玩，或者经常在他玩的时候干扰他，让他失去秩序感，没有了可专注的"工作"，就会总去关注别人有什么了。

7 外甥2岁就上早教了，爱翻教室地垫，老师拿什么都吸引不了他，怎么改善？

梁大夫答： 为什么要改善呢？这个孩子很棒啊！2岁的孩子在发现陌生事物时能够自主去探索，满足学习需要，这才是真正的早教。上亲子早教班，目的就是引导他去探索、去活动。每个孩子的成长状况和学习能力都不相同，早教班应该提供更多的探索空间和活动，让孩子进行体验。如果老师采取统一的集体教学模式，那还不如不去早教班。

8 女儿爱乱发脾气，我不理她，就使劲儿哭，一心软就抱起她，是不是太迁就她？

梁大夫答： 你并不是迁就孩子，而是不懂得如何与孩子互动。2岁的孩子能和家长用语言交流了，所以家长要保证每天和孩子多一些谈话。经常陪孩子说说话，不要等孩子要什么你才来回应，只有和孩子之间建立很好的沟通，能够和孩子好好说话，他才能接受你的管教。

2~2.5 岁：
自我意识在增强

不该留下
遗憾的事儿

 **孩子经常挖鼻孔，
导致鼻炎**

好遗憾呀

宝妈： 在孩子两岁多的时候，我就发现他老喜欢用手指去挖自己的鼻孔，觉得很好玩的样子。我在想，可能是看到家里有人这样做，或者鼻子被鼻涕堵住有点不舒服，所以要用手指去挖。由于我没有及时阻止，孩子便形成了习惯。一感冒，就爱用手指挖鼻子，好像老有东西堵住似的。我带他到五官科检查，发现孩子已经有了鼻炎。直到现在我都还在遗憾，当初要是能及早制止他的不良习惯就好了。

 **及时改掉挖鼻孔的习惯，
避免患上鼻窦炎**

不留遗憾

梁大夫： 许多人以为，挖鼻孔时只要不挖伤就没关系，所以并不在意。却不知鼻腔黏膜很脆弱，用手挖鼻孔时，坚硬的指甲会损伤鼻前端黏膜，很容易引起感染。即使未挖破，指甲中携带着大量病菌也会残留在鼻腔里面。一旦鼻腔内的温度、湿度和营养达到病菌生存所需条件，它便会大量繁殖，继而引发上呼吸道感染，甚至导致更严重的疾病。家长可用自来水或温水给孩子清洗鼻子，必要时可借助鼻腔冲洗器，以此来清除鼻腔内的病菌和分泌物。

户外活动少，不爱和别的小朋友玩

好遗憾呀

宝妈： 珠珠两岁半了，白天我上班，爷爷奶奶带。为了不让她感冒，他们很少带她出去玩，天气好的时候也只是出去转转就回家了，也很少跟邻居小朋友一起玩。时间一长，我发现珠珠的性格变内向了，而且十分娇纵。这不，一上幼儿园，老师就找我谈话了，说她不爱和别的小朋友玩，也不大爱参加体育活动，让我平时在这些方面多引导引导她。

多支持孩子进行户外活动

不留遗憾

梁大夫： 孩子2岁以后，正是喜欢出去玩耍的年龄。户外活动可以满足他的好奇心，在与小朋友的共同玩耍中增长与人结交的能力。户外活动可增强体质，阳光中的紫外线能使人体产生维生素D，预防小儿佝偻病；幼儿的脑生长发育迅速，氧气消耗量相对大于成人，而新鲜空气中就含有充分的氧气，有利于智能发育。家长应尽可能多地带孩子外出活动，增强其感知能力、体质及智力。

用哄骗来让孩子停止哭闹

好遗憾呀

宝妈： 哭闹是孩子的杀手锏，许多家长都在这一杀手锏的威力下缴械投降。这是家庭中最常见而又令爸爸妈妈最感束手无策的事情。我的孩子就时常哭闹，她奶奶总是对孩子说"只要你不哭，我就给你一颗糖"。然而，当孩子停止哭闹，许诺好的糖却迟迟没了踪影。后来，无论奶奶许什么愿，孩子都不再相信，仍是大哭不止。孩子就这样养成了用哭"威胁"大人的习惯。

冷处理、转移注意力才是应对的好方法

不留遗憾

梁大夫： 孩子哭闹常常是因某些欲望得不到满足而提出"抗议"，父母如何有效地加以制止呢？（1）冷处理。不强迫孩子马上停止哭闹，而是静静地坐在一边，或者干脆去干别的事，等待孩子"冷静"下来，再跟他讲道理，使他认识错误，明白大哭大闹"要挟"不了父母，只有合理的要求才会得到满足。（2）转移孩子的注意力。越是孩子感兴趣的事，越能把孩子从哭闹中引开，如让孩子玩喜爱的玩具。

2~2.5 岁孩子的发育指标

指标	体重（千克）	身高（厘米）	头围（厘米）
男宝宝	11.24~15.24	85.1~97.1	47.1~50.4
女宝宝	10.70~14.60	83.8~95.9	46.0~49.3

2~2.5 岁孩子的神奇本领

我要吃

喜欢折纸游戏，喜欢玩积木。

词汇量增加，能说短句子，会使用形容词，会用语言表达心情，会直接说出自己的需求。

会数数，懂得联想，不仅认识物品，还能关注物品的细节。

能感知爸爸妈妈的爱。

能双脚跳、单脚跳，喜欢骑三轮车，喜欢后退着走。

喜欢让爸爸妈妈陪他一起玩，愿意和小朋友一起玩，但还没学会一起合作。

跟着《膳食指南》选零食，更健康

《中国居民膳食指南（2016）》推荐给学龄前儿童的零食

推荐的零食有：新鲜水果、蔬菜，液态奶、酸奶、奶酪等乳制品，馒头、面包，鲜肉、鲜鱼，煮鸡蛋、鸡蛋羹，豆腐干、豆浆等豆制品，研碎的坚果。

限制的零食有：果脯、果汁、果干、水果罐头，冰激凌、雪糕等冷冻甜品类食物，奶油、含糖的碳酸饮料和果味饮料、乳饮料等饮品，薯片、爆米花、虾条等膨化食品，油条、麻花、油炸土豆等油炸食品，含有人造奶油的甜点，咸鱼、香肠、腊肉、罐头等腌制食品，烧烤类食品，以及高盐坚果和糖浸坚果等。

如何让孩子更健康地吃零食

提供足够的热量
为了让零食更有营养，每次可以选择两种不同种类的食物搭配在一起，例如面包和奶酪、水果和杏仁。

选择恰当的进食时间
零食应该是正餐的补充，而不能取代正餐。吃零食的时机，至少在正餐前1小时。

鼓励孩子学会自我控制
你的孩子是不是已经会自己翻箱倒柜找零食了？他们通常会选择那些能看得见、够得着的东西，所以家长应该把水果等有营养的食物放在显眼的地方，而把甜食、薯片藏起来。

以身作则
如果家长喜欢吃零食，就别要求孩子养成良好的饮食习惯。记住，榜样的力量是无穷的。

补充蛋白质
在正餐之间让孩子吃一些富含蛋白质的食物，如奶酪、核桃。

不必太紧张
孩子偶尔吃点甜食或薯片也不是不可以，需要注意的是，家长应帮助孩子养成良好的饮食习惯，而不是硬性一味抑止。

预防龋齿
让孩子养成吃完零食刷牙的好习惯，或者至少漱漱口，少吃精制糖。

孩子打人，大人怎么管

了解孩子为什么打人

遗传和气质的原因
精力旺盛、活动量大、易冲动的孩子易出现侵犯行为。

缺乏合作技巧
年龄小的孩子还没有学会合作，当小朋友之间出现争执时，往往不会通过协商和平解决，常常是你推我搡。

教养的原因
有些家长常对孩子进行体罚，孩子有了过失，家长非打即骂。当孩子与小朋友出现冲突时，他也常用武力解决问题。

孩子打人，家长怎么办

1 为孩子创造有利于减少侵犯行为的环境。实践证明，在一种有着多种多样玩耍机会和充裕的玩耍时间、玩耍材料、玩耍空间的氛围中，孩子的侵犯行为会大为减少。

2 为孩子提供合作互助的机会。家长可以帮孩子选择一些需要大家一起合作的玩具、游戏和活动，给孩子体验互助合作益处的机会，鼓励他多参与这样的活动。

3 向孩子传授语言表达技巧。良好的语言表达可以使孩子说出自己的想法、宣泄自己的情绪，这样能避免发生侵犯行为。

4 对一些精力旺盛的孩子，可以给他安排一些强度较大的活动如跑步、打球等，帮助他们通过合理渠道发泄体内能量，有效地减少侵犯行为的发生。

5 限制孩子看有打斗情节的电视、电影及图书，多让孩子看一些表现团结友爱的书画、影视节目，并通过一起谈论、分析其中的角色行为，让孩子懂得打骂别人是不对的，只有和小伙伴团结友爱才是好孩子。

6 对孩子的侵犯行为要及时干预。家长对弱小一方的关心与同情，对攻击一方的不予理睬或隔离，这种冷处理方式比体罚和痛斥更有效。而当常有侵犯行为的孩子出现与伙伴融洽相处或正在帮助弱小者的行为时，家长要及时表扬，强化孩子的良好行为，切不可把它当作是理所应当的事而忽略掉。

孩子总是说"不"，怎么办

有的孩子一遇到挫折就打"退堂鼓"，一碰到困难就说"妈妈，我不会"，不管爸爸妈妈怎么说都不愿意多尝试。那么，为什么会出现这种情况？究竟该怎么化解和引导呢？

如何应对总说"不"的孩子

1 及时判断孩子是否有语言障碍。如发音不准、口吃等，会影响孩子与人沟通，也会造成孩子较大的心理压力，父母应及时发现，及时纠正。切忌讥笑甚至模仿孩子的错误发音或言语。

2 使用恰当的沟通方式。父母应采取积极、平等、鼓励性的方式与孩子沟通，即使孩子回答不出来也不能斥责他，而应引导、鼓励。

3 降低问题难度，引导孩子积极思考。当一些难度较大的问题孩子回答不上来时，父母应及时调整所提问题，由简单到复杂。

4 教孩子一些交往技巧。对待不擅表达自己想法的孩子，父母应教他们一些与人交往的技巧，有意培养孩子的自我表达能力。例如可通过游戏教孩子如何认识新朋友、如何与他们交流等。

信任 + 引导，改掉孩子挂在嘴边的"不"

放手让孩子从事力所能及的事

无论是居家琐事，还是唱歌、跳舞、画画、做手工等活动，只要是孩子力所能及或者愿意尝试的事，在保证安全的前提下，放手让他自己去做，如自己吃饭、帮家人摆放碗筷、自己穿脱衣服等。当孩子发现"自己能做好不少事"时，他的自我效能感就增强了，能力感也随之提升，当遇到以前没尝试过的活动时，也会更有勇气和信心去做。

当发现孩子"想做"却又"不敢做"时鼓励 + 引导

性格慢热、害羞的孩子，遇事会更加犹豫，因为他们对于嘲笑和他人的负面反应会更加敏感。他们需要更多的准备时间，需要周围人更多的肯定来消除顾虑。

如果发现孩子"想做"却又因害羞或其他原因而"不敢做"时，不妨鼓励和引导孩子，如蹲下来对孩子说："妈妈知道你是会的，是不是还没准备好？等你准备好了，如果愿意，妈妈可以陪你一起做。"当得到妈妈的理解和支持时，害羞的孩子会更有信心和胆量去尝试从未尝试过的事。

带孩子旅行，须注意的那些事儿

孩子的护照、签证办理

给孩子办理护照时，须由监护人领着孩子，带上孩子的个人证件照片（也可现场拍照）、户口本、家长身份证及相关复印件前往出入境管理局办理护照申请手续。由于各个地方出入境管理局办理护照的要求各不相同，具体情况应提前电话或网络咨询当地出入境管理局。一般来说，等待 10~15 个工作日就能拿到护照。孩子护照的有效期一般是 5 年。需要注意的是，给孩子办理中国护照必须是本人前往，但办理孩子的台湾通行证可以由家长代劳。

如果孩子和家长的户籍不在一起，必须出示其他能证明孩子与家长关系的资料，如孩子的出生证明、父母或监护人的户口本和身份证、父母的结婚证等。

孩子在办理签证时，多数是由家长代劳，出具的材料也多是与父母办签证时一样。在家庭出游时，成年人需提供名下的对账单，由家长为孩子做担保，就可以轻松地出国旅游了。

给孩子拍张合格的证件照

1 拍照时，最好穿深色系的衣服，露出额头、耳朵。

2 不会坐或者坐不好的孩子，最好让其躺在床上，自己在家拍。孩子坐下来拍照，妈妈可以扶住他的腰，如果孩子头往后仰，还应扶住头。

3 准备孩子喜欢的玩具吸引他的注意力，然后抓拍几张。

4 3 岁以下的孩子最好不用闪光灯（照相馆一般有柔光箱，开闪光灯影响也不大）。

5 选孩子精神好的时候拍照，否则容易犯困、睁不开眼。

给孩子买机票

以实际飞行当天为准，2 岁以下的孩子按成人票价的 10% 买婴儿票，免机场建设费、燃油附加费，不提供座位；2 岁以上的孩子按成人票价的 50% 买儿童票，提供座位。各个航空公司政策也不尽相同（不少航空公司会提供婴儿摇篮），订票前最好咨询清楚。

衣食住行＋医

衣

给孩子准备的衣物以1~2天1套为宜，视出行地区天气情况带1~2件厚外套。孩子的衣服最好是多层的、容易穿脱的，方便增减。

食

带上孩子的奶粉、即食辅食、保温杯、餐具，给孩子准备充足的水。饮食清淡为主，少食多餐，防止孩子消化不良。不要轻易喂孩子没吃过的食物，特别是海鲜。

住

住的地方一定要整洁、清净，利于孩子休息，不至于感染疾病。带齐孩子的洗漱用品。有条件的最好选择带厨房的住处，附近的设备设施齐全，入住当天就可以去买一些新鲜的食材，给孩子做简单的辅食等，比在外面吃安全很多。

行

如果是长途旅行，旅程中孩子可能会因不适而哭闹，这个时候父母要做好安抚，可以用玩具分散孩子注意力。另外，还要注意孩子乘坐交通工具的安全性。

汽车

如果是自驾游，一定要记得让孩子坐安全座椅，锁好车门，这个很重要！如果是坐长途公共汽车，不要让孩子随意走动，同时避免他把手、头伸到窗外。

火车

尽量不要让孩子到处走动，以免影响他人。最好订卧铺下铺，让孩子在想睡觉的时候有个相对舒适的环境。不要让孩子长时间盯着窗外或者手机看，以免引起不适。

飞机

出行记得提前安排好时间，毕竟不知道孩子会有什么突发状况。在飞机起飞和降落时，孩子可能因耳部不适哭闹，可以通过让孩子吃安抚奶嘴或食物缓解他不安的情绪。

订机票的时候确认下面3点：①飞机是否可以预订婴儿餐，不过建议自带，防止孩子不喜欢吃；②婴儿车是否可以直接带上飞机，或者托运；③提前预订好婴儿摇篮。

医

带着孩子旅行，药品是必不可少的，毕竟孩子的免疫力不如成人。一定要带上一些药物，如退烧药、止泻药、感冒药、过敏药、创可贴、驱蚊水等。父母要随时观察孩子的身体情况和精神状态，孩子累了就让他休息，身体不适了一定要及时就医。

最好的早教是陪孩子玩

 运动游戏 小袋鼠跳远

游戏目的：

学习并脚跳和连续跳越障碍物，锻炼身体平衡能力和腿部力量。

游戏准备：

小毛绒玩具若干个。

游戏这样做：

❶ 教孩子学习并脚跳，将双脚并拢后再起跳，落下时双脚可以稍分开。

❷ 将几个小毛绒玩具摆成一列，让他学小袋鼠，连续跳过所有的毛绒玩具。

 早教指南 **并脚跳需要好的身体平衡能力**

孩子习惯双脚分开起跳和落地，并脚跳则要求孩子完全并着双脚起跳，这需要较好的身体平衡力。

 手工游戏 春天的玫瑰花园

游戏目的：

培养对粘贴画的兴趣，学习线条的命名。

游戏准备：

自剪的彩色纸条、卡纸、胶棒等。

游戏这样做：

❶ 将彩纸剪成若干纸条，包括直线、波浪线、螺旋线和椭圆形备用。请孩子指认并说出这些线条和形状的名称。

❷ 引导孩子把代表玫瑰花的螺旋线、茎的直线、叶的椭圆形和泥土的波浪线粘贴在卡纸对应的位置上。

早教指南 **加深对线条名称的认识**

在粘贴游戏中，教孩子了解这些线条所代表的象征意义，加深对线条名称和特征的认知。教孩子把纸条平放好，在上面均匀地涂胶水，然后胶面朝下进行粘贴。有的孩子动作已经十分熟练了，有的孩子也有可能耐心不足或动作仍比较笨拙，后者需要妈妈更多的耐心。

梁大夫零距离育儿问答

1 孩子最近一到晚上就咳嗽、流鼻涕，吃了药也没见好转，怎么办？

梁大夫答：如果只是晚上咳嗽，而且伴有流涕、鼻塞症状，说明问题不是来自气管、支气管和肺部，应是鼻咽部。后半夜咳嗽应是鼻咽分泌物在平躺时倒流，刺激咽喉而引发咳嗽。应看耳鼻喉科，明确原因，对因治疗，仅服止咳药效果不会很明显。

2 孩子意外咬下一小截吃蛋糕的叉子，没抠出来，也没什么异常，该注意什么？

梁大夫答：如果怀疑孩子误吞异物，只要物体不十分尖锐，孩子也无异常表现，耐心等孩子将异物随大便排出即可。孩子吃进去的小塑料叉子，进入胃肠会被胃肠液包裹，不大会直接刺入胃肠壁，1～2天即可被排出。但是如果怀疑孩子误吞药物，一定要尽快用手抠其舌根，让孩子呕吐，然后带着药瓶或药盒去医院检查。

3 孩子最近几天常说耳朵里在响，但是又不痛。不知道是什么原因，严重吗？

梁大夫答：耳朵里有响声，同时又不疼，很可能是耳屎导致的。若是耳屎，建议去医院，医生会先滴软化耳屎的滴耳液3～5天，然后取出已软化的耳屎。需要强调的是，孩子的耳道较成人窄，如果没有症状，不建议自行掏耳朵。

4 孩子每逢被责备时，都一声不吭呆呆看着我，该怎么应对？

梁大夫答：孩子会出现这种情况，应该是你经常责备孩子且比较严厉，孩子害怕你会采用更可怕的方式来惩罚他，所以才会这样。碰到孩子做错的时候首先想到的不是去责备他，而是应该陪着他一起找出错在哪儿，然后引导他应该怎么纠正已经犯下的错，以后应该怎么避免。

2.5~3岁：为入园做准备

不该留下遗憾的事儿

 过早送入幼儿园，孩子得了鼻炎

好遗憾呀

宝妈：儿子两岁半的时候，由于没人帮着带孩子，我和老公又要上班，想到别的孩子两岁半能上幼儿园，咱这个也能行。结果儿子每天上幼儿园就一场大哭，老师软硬兼施都没有用，他的分离焦虑很严重。在幼儿园里，也不知是哭得太厉害还是感冒了，儿子的鼻子老是被堵住似的。去医院一检查，居然是鼻炎。之后孩子再没去幼儿园，直到4岁以后才去，再上幼儿园的时候，他的情况就好多了。现在我很遗憾，要是当初能晚一些等他身体、心理成熟些的时候再送他上幼儿园，可能就不会这样了。

 孩子有个体差异，能否上幼儿园视个人情况定

不留遗憾

梁大夫：建议孩子最好是在3岁以后上幼儿园，这个年龄无论是语言表达还是行为发展都有一定的基础，是孩子社交发展的关键期。但要注意平时工作的闲暇和孩子多交流，进行一些简单的亲子游戏，让孩子健康成长。有的孩子2岁左右，各方面发育都不错，家长因为工作繁忙、家里老人身体不好或者没有老人帮忙带孩子，会考虑将孩子送到幼儿园的托班。家长需要提前考查幼儿园的质量，包括师资力量、环境、老师对孩子的态度等。同时要处理好孩子的分离焦虑，告诉孩子去幼儿园是换个地方跟小朋友们一起玩，到时间了妈妈会接他回家。

老觉得孩子胖了才健康

宝妈：我家孩子从小喜欢吃甜食，不爱运动，标准的小胖墩儿。她外婆总说："胖了好，说明身体素质好。"对他的饮食偏好任其发展。现在上小学了，别的孩子体育考试很轻松地过关了，他却总也不合格。为了给他减重，我坚持天天带他晨跑，好不容易减了一点肉，外婆就说："最近我外孙子瘦了。"她的观念真是令我很为难。

注意监测宝宝体重

梁大夫：从营养学观点来看，一定的身高应该对应一定的体重范围。超过这个对应标准就是超重或肥胖，也就是所谓的体重超标了。所以只要身体素质好，免疫力好，就是健康的。胖才是健康的说法是过时的观念。家长要根据孩子的自身生长规律来配制适宜的饮食。要避免肥胖，可以常给孩子监测体重，一发现有肥胖的趋势，便及时调整膳食结构，增加运动，从而控制体重，让孩子健康地成长。

夏天为了凉快，把头剃光光

宝妈：夏天天气炎热，孩子平时白天都在家里待着，只能在早上、傍晚才可以出去玩耍。有一次，为了图凉快，给孩子剃了个光头。没想到，第二天就下大雨，大雨连接着下了三天，孩子由于剃了光头，受了风寒，一下子就感冒发烧了。为这事儿，我被他爸爸好一顿骂。

头发可保护孩子头部，避免磕碰和病菌感染

梁大夫：头发是幼儿保护头部重要的防护屏障，能防止磕碰和病菌感染。如果给孩子剃光头，会有诸多不利之处：因为天气热出汗等原因，孩子头部发痒而挠破头部，造成细菌感染；孩子在阳光下曝晒后，可能会出现皮炎、发生中暑，所以最好别剃光头，剃了光头的孩子要注意防晒、防风。

2.5~3 岁孩子的发育指标

指标	体重（千克）	身高（厘米）	头围（厘米）
男宝宝	12.22~16.39	89.6~100.7	47.8~50.9
女宝宝	11.70~15.83	88.4~99.4	46.7~49.8

2.5~3 岁孩子的神奇本领

喜欢画画、搭积木、捏橡皮泥、折纸、玩电动玩具等。

所掌握的词汇已经可以让孩子与他人进行较长的对话了。

手闲不住，什么都要摸一摸，最擅长"破坏"东西。

会看、会听、会闻、会摸、会感受，各方面发展得更加出色。

会主动告知想上厕所。

开始试着说一些复合句，喜欢自言自语。

接受丰富的食物，可以自己进餐了

2~3岁孩子放心吃的食物

营养素	食材
碳水化合物	**谷薯杂豆类：** 大米、高粱、小米、玉米、大麦、糙米、红豆、面粉、荞麦面粉、绿豆粉、土豆、红薯等
	其他： 栗子、南瓜
蛋白质	**乳类：** 母乳、奶粉、牛奶、酸奶、奶酪
	水产类： 黄花鱼、鳕鱼、鲅鱼、鱿鱼、干贝、虾等
	禽畜肉类： 牛肉、鸡胸肉、猪肉等
	豆类： 各种豆及豆制品等
	蛋类： 鸡蛋、鹌鹑蛋等
矿物质和维生素	**蔬菜类：** 黄瓜、南瓜、萝卜、西蓝花、菜花、圆白菜、洋葱、油菜、白菜、茄子、黄豆芽、甜椒等
	水果类： 苹果、香蕉、梨、西瓜、葡萄、桃、橙子、猕猴桃等
	菌藻类： 香菇、金针菇、海带、紫菜等
脂肪	**油脂类：** 香油、橄榄油、黄油等
	坚果类： 花生、核桃、芝麻等

注：对个别食物过敏的孩子，应禁食致敏食物。

孩子的食物要松软、清淡

这个时期，孩子差不多可以吃大人的食物了，但要注意孩子能否完全消化。质韧的食物，熟透后切成适当的大小再喂，但也不要切得太碎，否则孩子会不经过咀嚼直接吞咽。孩子满3岁后，牙齿的咀嚼能力提高，可以食用稍微硬点的食物。虽然孩子现在可以吃大人的饭菜，但是最好不要喂味道太重的食物，以免孩子习惯重口味。

让孩子做点力所能及的家务，培养自理能力

为什么要让孩子做家务

新奇、好玩

在大人眼中，家务活是任务；对孩子来说，家务活可能是游戏。把垃圾捡起来扔到垃圾桶里，把小碗碟递给妈妈等，从来没接触过，新奇又好玩。

提高记忆力和逻辑思维能力

孩子做家务，其实是模仿家长做家务的过程。孩子的记忆力、思维能力都能得到提高，而且还能增强信心。

开动脑筋

哪些衣服是要洗的？什么是洗衣机？洗衣机的按钮在哪里？这一系列过程都需要开动脑筋去思考。

培养主人翁意识

让孩子学着做家务，可以使其意识到"有些事情可以自己完成"，逐渐形成小主人翁的意识和责任感。

两招让孩子自己学会做家务

家长将做家务过程念叨给孩子听

家长在做家务时，尽量让孩子看见，并且要将做家务的过程念叨给孩子听。不要小看这念叨的过程，日积月累，孩子会理解家长在做什么，这为他以后做家务奠定了基础。

勾起孩子的兴趣和好奇心

与大人一样，孩子也有不喜欢做的家务，这就需要家长巧妙地引导孩子的兴趣爱好。比如，如果孩子不喜欢整理玩具，妈妈可以试着跟他说："晚上，宝宝、爸爸、妈妈都会回到自己家里，那么我们是不是也应该让小兔子、小熊回到自己家里呢？"这样，孩子可能就会将动物玩具都放在玩具筐里了。

孩子对周围事物充满强烈的好奇心，家长尽量不要对孩子说"不"，不要打断他的探索心理。

家居设施最好改成孩子的尺寸

在大概确定孩子能做哪些家务时，最好将相应的设施都改成适合孩子的尺寸，比如，适合孩子的小号垃圾桶、小背包等。孩子的衣服、纸尿裤、便盆应放在适当的地方，确保孩子通过努力可以够得到。

让孩子学会独立睡觉

2.5~3 岁的孩子，如果睡眠比较安稳，爸爸妈妈就可以选择让他独立睡觉了。

6 个小技巧让孩子独立睡觉

1 让孩子参与房间布置。让孩子自己选择喜欢的床、床单、被褥，把他的房间布置得舒服而宜人，并强调这些都是属于他的，激发孩子独立的愿望。

2 睡前故事或柔和的音乐伴随孩子入睡。睡前可以温柔地给孩子讲个故事，或者放上一些柔和的音乐，让他在曼妙的音乐声中慢慢入睡。

3 可以从分床睡觉开始。对于胆小的孩子，可以先把床放在父母卧室里，等孩子熟悉自己的床后，再进行分房独立睡觉。

4 不能让孩子在漆黑一片的房间睡觉，可以安装一个小夜灯，既不影响孩子睡眠，又能使夜间醒来的孩子看到室内的东西。

5 给孩子找个陪伴物，比如说布娃娃或者小熊，让孩子抱着它们睡觉。

6 孩子和父母的房门都应该开着。当孩子半夜醒来，需要找爸爸妈妈时，能够顺利走进父母房间。

教孩子擤鼻涕

从发育的角度上看，大部分孩子到了3岁左右就能学会擤鼻涕了，此时妈妈可以尝试教孩子正确的擤鼻涕姿势。

3岁开始练习擤鼻涕。
妈妈包住孩子的鼻子教"哼"的要领。
妈妈一手按着孩子一边的鼻孔，
让她擤另一边的鼻涕。
这样重复做2~3次就可以了。

教孩子擤鼻涕的方法

1 让孩子模仿。如果孩子对擤鼻涕感兴趣，喜欢模仿大人擤鼻涕的动作，妈妈一定要多加鼓励。

2 让孩子学着大人的动作，用双手拿住纸巾，用手指把鼻子包住，引导孩子说"哼"，孩子很快就会学会靠"哼"鼻子从鼻孔里清除液体。

3 当孩子掌握"哼"的要领后，可以让他一手按着一边的鼻孔，擤另一边的鼻涕，然后换侧擤。这样反复做2~3次就可以了。刚开始时，妈妈可以帮助他，让他慢慢熟练动作。

温馨提醒

1. 要选择柔软、无刺激的手帕或纸巾。

2. 要让孩子轻轻地擤鼻涕。如果擤鼻涕的力气太大，会损伤鼻腔黏膜，从而增加感染的风险。

3. 教孩子将用过的纸巾马上扔进垃圾桶，培养孩子的卫生习惯。

怎样应对孩子入园问题

送孩子上幼儿园的最佳时机

按照国家有关规定，孩子入园的年龄应满3周岁，因为这个年龄的孩子在生理和心理上都更容易适应入园后的生活和学习。

挑选幼儿园需要考虑的因素

传统的筛选

· 价位
· 离家远近
· 幼儿园场地大小
· 装修和设施
· 开办年限、口碑
· 双语幼儿园的老师，母语是否为英语
· 老师是否有幼师资格证

深入的筛选

· 面对面和老师交流
· 跟班观察教学质量
· 看老师是否耐心、细心，师德如何
· 教学内容是否符合孩子年龄

专业的筛选

· 幼儿园资质
· 幼儿园的工商注册信息
· 是否进行了教育局注册登记（可以打电话到教育局或去官网查询）

如何引导孩子爱上幼儿园

1 家园接轨。孩子入园前，家长要主动了解并根据幼儿园的一日生活作息时间，安排孩子在家的活动。如培养孩子独立睡眠的习惯，帮助他形成适宜的午睡行为。

2 提前带孩子参加亲子班。让孩子提前接触别的小朋友和老师，以便更好地适应幼儿园的集体生活。

3 入园前有意识地培养孩子的生活技能，如：能坐在桌旁独立、安静地吃饭，大小便时自己脱穿裤子，玩完玩具放回原处等。

4 尽量早接孩子。为了减少孩子刚入园时的恐惧心理，在第一个星期可以提前到幼儿园门口等待孩子出园，让他知道父母并没有忘记他。回家路上，最好用关爱的语言与孩子交流，询问他在幼儿园进行了哪些有趣的活动，分享他的快乐，使他从内心感受到被爱。

孩子上幼儿园后常出现的状况及应对办法

憋尿	是很多孩子初进幼儿园的问题。主要原因是：有些孩子害羞，有便意不敢表达，也不敢独自上厕所；有些孩子不习惯别人协助上厕所；有些孩子语言表达还不是很好，无法通过言语进行顺畅沟通	**解决办法：** 幼儿园里孩子多，难免有照顾不周的地方，这就需要家长及时发现孩子的问题，平时要多和孩子聊天，了解幼儿园的状况；接送孩子的时候多问问老师，孩子在园里有没有什么"异常"。要告诉孩子，不要把上厕所和受批评联系在一起，对上厕所的问题进行正面强化
尿湿裤子	孩子憋尿就容易尿湿裤子，这不仅让孩子不舒服，还可能增加他的心理负担	**解决办法：** 要对孩子进行语言方面的训练，教孩子学会说"我要小便""我要拉臭臭"；告诉孩子如果老师工作忙，没听见，要拉着老师的衣角，引起她的注意；如果孩子总是尿湿裤子，父母要提前告诉老师，多照顾自己的孩子，而且要准备一套干净衣裤给孩子备用
吃饭慢	孩子在家吃饭是不定时的，有时能吃一个多小时。到幼儿园后，最担心孩子吃得慢、吃不饱。可是，幼儿园是集体生活，孩子吃饭也得跟上"节奏"	**解决办法：** 帮助吃饭慢的孩子增强自信心，可以多跟老师沟通，先给这些孩子盛饭吃，用此法来缩短他和其他孩子之间的差距。同时，给吃饭慢的孩子碗里不能盛得太满，应采取少盛多添的方法，来消除孩子视觉上的恐惧感，让他在心理上产生优势。在家里，要培养孩子的用餐习惯，要求其定时定量进餐；平时少让孩子吃零食，避免边吃边玩的现象
不爱午睡	调皮好动的孩子往往精力充沛，所以不愿意在午休时间睡午觉。可孩子正处在生长发育的快速时期，需要有充足的睡眠，仅靠夜间的睡眠是不够的，午睡是很好的睡眠补充	**解决办法：** 当孩子对幼儿园的环境感到陌生、没有安全感而无法入睡时，老师可以耐心地和孩子沟通，让孩子放松警惕性，慢慢入睡。要告诉孩子，处在一个集体中要学会遵守规则，如果别人都睡，只有他例外，这是不好的。父母应按照幼儿园的作息时间，要求孩子在家时按时午睡

最好的早教是陪孩子玩

 我长大了

游戏目的：

了解人的成长过程并排序，讲述人的成长过程。

游戏准备：

家庭相册、人物图。

游戏这样做：

❶ 鼓励孩子看图讲一讲人长大的几个阶段。

❷ 引导孩子按照人从小到大再到老的顺序，在旁边写上序号。

❸ 翻开家庭相册，给孩子看爸爸妈妈成长的照片，让孩子对人的成长过程有所感知。

 **让孩子感知
他是如何长大的**

早教指南

这个游戏可以帮助孩子了解自己的成长，增进自我意识。先给孩子简单讲一讲人成长的几个过程，让他有所了解，再开始这个游戏。妈妈也可以故意说错人的成长顺序，看他能否发现并纠正。

除了讲爸爸妈妈的成长照片外，还可以把孩子各个时期的照片挑选一些，讲一讲孩子自己的成长过程：出生了，1岁了，会跑、会自己吃饭、会读书了等，让他感知自己是如何长大的。

梁大夫零距离育儿问答

1 孩子快3岁了，不太爱跟小朋友玩，除非是他特别喜欢的个别孩子，怎么办？

梁大夫答： 有些孩子在家活动能力很强，但是由于户外活动较少，在不熟悉的环境中就会出现自我防卫意识较强的情况，以至于不容易和别的小朋友一起玩。平时带孩子到公园或小区玩耍时，可以鼓励他带上玩具主动找附近的小朋友玩。

2 孩子喜欢无理取闹，每次我都控制不住发火，过后又会自责，怎么办？

梁大夫答： 2~3岁的孩子自我意识越来越强，他们会用无理取闹的方式和父母对着干。如果父母大发雷霆，他会很得意，这正是他想要的，他觉得成功了。所以与其发火，不如有意"无视"孩子的行为，但也不要让无理取闹的孩子得到好处。

3 如何防止性侵？

梁大夫答： 尽量早点教孩子保护自己的身体。美国一个教育机构做了一套儿童防性侵教材的配套视频，特别生动，推荐家长和孩子一同观看。

第一步：隐私教育。教孩子充分认识自己的身体，让孩子懂得并有意识保护隐私部位。男孩的生殖器官和屁股是隐私部位；女孩的乳房、生殖器官和屁股是隐私部位。

第二步：五个警报。告诉孩子：任何人要看你的隐私部位或者让你看他的隐私部位，叫"视觉警报"；如果有人谈论隐私部位，叫"言语警报"；如果有人触碰你的隐私部位，或者叫你触碰他的隐私部位，叫"触碰警报"；单独与陌生人在一起，叫"独处警报"；如果有人拥抱、背、亲吻你，叫"拥抱警报"。没有人被允许看隐私部位、谈论和触碰隐私部位，只有爸爸妈妈、照顾者、爱心圈名单上的人可以，但也仅限于帮你洗澡或者你的隐私部位受伤时可以触碰。

这五种警报教孩子如何在坏人面前保护自己，勇敢说不，三种特殊情况又让孩子能够分清疼爱和警报。

告诉孩子，当遇到危险时，一定要说"不"，即使已经有人对他做过不好的事，或者正在做不好的事，马上说"不"，并且事后一定要告诉父母所发生的事。

Part

3

小儿常见病
对症调理，少遭罪好得快

感冒

 以为感冒不用吃药能自愈

好遗憾呀

宝妈： 孩子2岁了，前几天降温，睡午觉时踢被子了，睡醒之后就感觉不对劲，平时睡完午觉都是活蹦乱跳地自己玩，今天总是让抱，还流清水鼻涕，测体温显示37.6℃。因为听人说小感冒不用管，挺两三天就能自己好，我看孩子体温没那么高，就什么药也没喂，想多喂点水再观察一下。可是第二天早晨孩子体温升到38.5℃，而且开始咳嗽。我怕拖成肺炎，还是带他去了医院。

 流行性感冒要及时处理

不留遗憾

梁大夫： 很多父母觉得感冒是小病，会和大人一样，过段时间就自然而然痊愈了。这种想法是片面的，普通感冒不用过度治疗，在家注意日常护理，一般5~7天便可痊愈；但是如果是流行性感冒，孩子抵抗力弱，不及时治疗很可能会引发一系列并发症，如支气管炎、中耳炎、肺炎等。千万不能掉以轻心，要及时对症处理治疗。

没分清感冒类型就去买中成药

好遗憾呀

宝妈：孩子感冒了，又打喷嚏又流鼻涕，考虑到他才两岁半，怕吃西药有毒副作用，就去药店买了中成药给他吃，可是吃了一天也不见好，到医院才知道孩子是风寒感冒，我买的却是治疗风热感冒的药，难怪没效果，重新吃了新开的药才开始好转。

中成药不能随便吃，分清类型很关键

不留遗憾

梁大夫：很多人都认为中药不会像西药一样会对孩子产生不良反应，所以完全依赖中药。其实不管是中药还是西药，或多或少都会对孩子产生不良反应。中药对感冒分类复杂，如风寒、风热、热咳、寒咳、外感咳嗽、内伤咳嗽等，如果随便吃中药的话，不仅不能治病，反而会加重病情。

给孩子吃成人的药

好遗憾呀

宝妈：孩子快3岁了，马上要上幼儿园了，这几天正准备报名，他却突然感冒了。考虑到孩子已经大了，想起来孩子爸爸之前吃的感冒药挺好用，就给他喂了一半的量，可是孩子吃了之后总睡觉，孩子爸爸回来说我胡闹，小孩不能吃大人的药，抱起孩子就去医院了，好在没什么大碍。

婴幼儿不能随便服用成人药

不留遗憾

梁大夫：有的家长会给孩子按成人剂量减半服用药物，他们认为只要剂量减半就不会有问题。按成人剂量减半给孩子用药是不科学的。孩子的肝脏对药物的解毒能力、肾脏对药物的清除能力都不如成人，其大脑的血脑屏障功能还没发育完全，还不能阻止某些药物对大脑的伤害。所以不能给孩子随意服用成人药物，减少剂量也不行。

感冒，好妈妈是孩子的第一个医生

注意区分普通感冒和流行性感冒

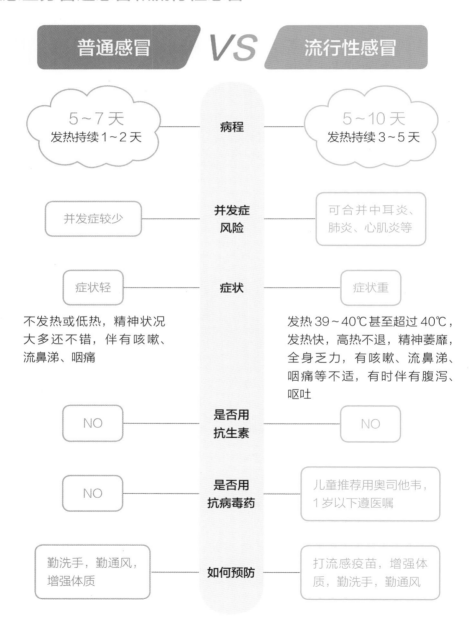

普通感冒 VS 流行性感冒

| | 病程 | |
| 5~7 天 发热持续 1~2 天 | | 5~10 天 发热持续 3~5 天 |

病程
5~7 天
发热持续 1~2 天
5~10 天
发热持续 3~5 天

并发症风险
并发症较少
可合并中耳炎、肺炎、心肌炎等

症状
症状轻
不发热或低热，精神状况大多还不错，伴有咳嗽、流鼻涕、咽痛

症状重
发热 39~40℃甚至超过 40℃，发热快，高热不退，精神萎靡，全身乏力，有咳嗽、流鼻涕、咽痛等不适，有时伴有腹泻、呕吐

是否用抗生素
NO
NO

是否用抗病毒药
NO
儿童推荐用奥司他韦，1 岁以下遵医嘱

如何预防
勤洗手，勤通风，增强体质
打流感疫苗，增强体质，勤洗手，勤通风

孩子感冒要怎么护理

让孩子好好休息

对于感冒，充分休息是至关重要的，尽量让孩子多睡一会儿，适当减少户外活动，别让孩子累着。如果孩子鼻子堵了或者痰多，可以将其上半身略垫起，使头部稍稍抬高，促进痰液排出，减少对肺部的压力。

帮孩子擤鼻涕，保持呼吸道通畅

如果孩子还不会自己擤鼻涕，让孩子顺畅呼吸的最好办法就是帮他擤鼻涕。可以在他的外鼻孔中抹点凡士林，能减轻鼻子的堵塞。

也可以去药店买生理性海盐水鼻腔喷雾剂，能帮助孩子保持鼻腔湿润和清洁鼻腔，帮他们通气。将喷嘴轻轻插入一侧鼻孔，按下喷嘴至底部并停留2秒钟，再在另一侧鼻孔重复该动作，待鼻涕流出时擦净即可。

勤漱口，缓解咽喉痛

孩子感冒，漱口是一个很好的缓解症状和消除病菌的方式。可直接用温水漱口，还可以在水中加上一勺盐，每天漱4次即可。

泡泡脚，发汗排邪

泡脚可通气血、排毒、提高身体的新陈代谢。给孩子泡脚，一般在饭后半小时后再进行，泡10~20分钟，摸摸额头或后背，微微出汗就可以了。刚泡完感觉全身有点热，尤其是脚心，此时一定要注意脚部的保暖。泡完立即用干毛巾擦干，穿上舒适的鞋袜。

揉曲池，减轻咽喉肿痛

屈肘，在肘窝桡侧横纹头至肱骨外上髁中点，即为曲池穴。爸爸妈妈用拇指指端按揉孩子曲池穴100次，有疏通经络、解表退热、利咽等作用，主治风热感冒、咽喉肿痛、咳喘、肩肘关节疼痛等症。

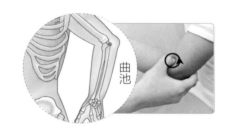

曲池

出现这些情况，宜马上就医

1 咳嗽症状持续3天以上；持续流鼻涕10~14天；孩子月龄小于3个月；孩子高热，体温 ≥ 39℃。

2 明显的呕吐、腹泻、精神萎靡、食欲差等。

3 呼吸困难：鼻翼翕动，呼吸时锁骨上、肋骨间、胸骨上皮肤向下凹陷，即出现"三凹症"。

4 呼吸急促，伴有皮疹、喘息、声音嘶哑、面色苍白或青紫。

感冒了，这样吃好得快

饮食以清淡、易消化为主

　　孩子感冒后，胃口往往不佳，在饮食上不宜过分油腻，可以多选择一些清淡、易消化的食物。未添加辅食的孩子应尽可能多喝奶；已经添加辅食的孩子除了增加奶量外，还可以适当增加白开水和米粥等的摄入。孩子如果伴有咽喉痛、咳嗽等情况，多喝水对缓解症状有益，一定要保证饮水充足。

喝点热饮，减少流鼻涕

　　一项研究发现，感冒时喝点略带苦味的热饮特别有益。很多医生建议 1 岁以上的孩子可以适当喝点加姜的热开水和鲜柠檬汁。

不同年龄段的孩子感冒时饮食有所不同

0~6 个月的孩子感冒后宜坚持喂母乳

　　孩子感冒后吃母乳会比较困难，但也要坚持，这样有助于增强孩子免疫力，对治疗感冒有辅助作用。此外，哺乳前要将孩子鼻腔内的分泌物清理干净，这样有利于孩子顺利呼吸和吸吮。

6 个月以上的孩子感冒后宜依年龄段添加辅食

　　孩子感冒后，可以根据月龄选择适宜的食材给孩子做成色香味俱佳的辅食，并且注意给孩子补充水分。因为孩子感冒后会因发热而导致体内水分大量流失，且体力消耗也非常大。而孩子感冒后通常没有食欲，如果不喜欢喝白开水，可以给孩子准备一些鲜榨果汁、甜汤等，如雪梨汁、橙百合甜汤等。

　　还可适当给孩子喝些清淡的汤或吃些带汤的食物，如南瓜汤、豆浆、烂面条等，和胃祛寒，易于消化，不仅有利于补充营养和水分，预防脱水，还能促进血液循环，增加排尿，加速废物排泄，减少体内毒素。尤其适用于食欲下降、风寒感冒的孩子。

发热

不该留下遗憾的事儿

轻信"捂一身汗"能降温

好遗憾呀

宝妈：孩子6个月的时候，白天可能着凉了，晚上摸额头感觉有点发烫。这是孩子第一次发热，我特别着急，姥姥就说发热捂一身汗就好了，结果越捂越热，后来赶紧抱孩子去医院了。

发热患儿千万不能"捂"

不留遗憾

梁大夫：发热的患儿千万不能"捂"，有些家长以为把孩子裹得严严实实，给孩子"捂"出一身汗来，体温就能降下来了，事实上，越"捂"体温越高。"捂"不仅影响孩子散热、降温，还会诱发高热惊厥甚至休克等。所以，孩子发热，第一时间要解开他的衣服来散热。

对抗生素极度排斥

好遗憾呀

宝妈：孩子发热了，超过39℃，嗓子还有点发炎，吃不下东西。去医院，医生问诊后，让去查血象、拍片子，说有肺炎，要输液。当时我极度排斥，抗生素的种种弊端在我脑海中不停飘过，犹豫不决。跟老公换了家医院，结果也建议输液，就赶紧输液了，还好没耽误治疗。

不滥用也不排斥抗生素

不留遗憾

梁大夫：细菌性发热和病毒性发热要区别用药。抗生素对细菌感染很有效，能减轻感染、缓解病情，但长期滥用容易产生抗药性。病毒性发热用抗生素是没用的。孩子生病建议遵医嘱，是否使用抗生素听医生的，该用还得用，免得耽误病情。吃抗生素的关键是时间要吃够，要一次把细菌都消灭掉。

发热时冷静处理，别自乱阵脚

区分正常的体温升高和发热

正常的体温升高

孩子的体温易于波动，感染、环境以及运动等多方面因素都可使孩子的体温发生变化。孩子体温升高不一定就是异常，也就是说，体温的升高不一定就是发热。若有短暂的体温波动，但全身状况良好，又没有其他异常表现，家长就不应认为孩子是发热。

其实，就像大人在运动后体温会有所升高一样，小儿哭闹、吃奶等正常生理活动后，体温也会升高达37.5℃左右。

异常的体温升高（发热）

体温异常升高也就是发热，与哭闹后造成的体温升高是不同的。体温超过37.5℃定为发热，俗称发烧。进一步划分为：<38℃为低热；38~38.9℃为中度发热；39~41℃为高热；≥41℃为超高热。发热时不仅体温增高，还同时存在因疾病引起的其他异常表现，如面色苍白、呼吸加速、情绪不稳定、恶心、呕吐、腹泻、皮疹等。

由于小儿个体差异和导致疾病原因的不同，发热的表现和过程存在很大的差别。比如同样是肺炎，有的孩子只是低热，有的孩子高热达39~40℃；又比如上呼吸道感染的发热可持续2~3天，而败血症可持续数周。发热的起病有急有缓，有的先有寒战继之发热，有的胸腹温度很高但四肢及额头发凉。所以，通过用手触摸四肢及额头判断是否发热，可能会存在"漏网之鱼"。

测量体温哪些细节不能忽视

对于测体温这件事儿，总听到有些妈妈抱怨："1分钟内测2次体温，温度怎么差了2℃？！"

其实，出现上述情况可能不是体温计测量不准确，而是家长在测量体温时忽视了一些小细节。

1 若孩子腋下有汗，一定要擦干后稍等片刻再测。

2 体温计与皮肤之间不能夹有衣物或被单，以免影响测量结果。

3 不要在孩子刚喝完奶、吃完饭后立即测量，应等30分钟让体温恢复正常再测量。

4 不要在孩子刚擦浴或洗澡后马上测。

5 孩子哭闹或剧烈活动后体温会升高，要稍作休息再测（也可以在孩子安静时或睡眠后再测体温）。

6 每天监测体温最好在固定时间段进行（如餐后半小时以后），这样更具有比较的价值。孩子发热时，测体温要勤。

看有没有出疹，疹退热就消

有一种疾病有这个特点——发热、出疹、疹退、病愈，在医学上叫幼儿急疹。

幼儿急症多见于1岁左右的孩子，有的孩子出现得早，有的出现得晚。通常患儿精神状况良好，能哭、能笑，也能吃点东西，除了发热，没有发现流鼻涕、咳嗽等症状。两三天后，突然出了一身疹子，这种疹子是淡黄色的，用手压上去可以褪色，出疹子以后，孩子的体温慢慢下降。疹子一出，热也跟着退，疹子三四天就会退去，没有任何痕迹，病程就结束了。

刚开始发热，家长很着急，但是可以观察，特别是1岁左右的孩子，看他有没有出疹。幼儿急疹是一种常见病，出疹之后没有什么疤痕，也没有什么并发症，家长不必太担心。

是不是穿太多，喝水又太少

大人总怕孩子着凉，给他穿很多衣服，发热以后穿衣服更多。穿太多而喝水又太少，很容易引起发热，尤其是夏天。这种发热叫功能性发热。

孩子的新陈代谢比成人旺盛，加上吃的蛋白质类食物比较多，产热比较多，通过皮肤的散热才能散发出来，散热的主要方式就是出汗，如果水分供应不足，出汗比较少，体内的热量散不出来就会出现发热，甚至可以引起高热。所以孩子发热一定要多饮水，尤其是夏天。会走会跳的孩子穿衣服有一个标准，就是比成人少一件。

疫苗接种也会有发热反应

孩子接种一些疫苗之后会有一些反应，发热是常见反应。比如百白破疫苗引起的发热，这种发热多半是低热（<38℃）。

区别轻重缓急的标准

一般预防接种之后的发热在72小时内会自觉退去。如果超过72小时还在发热，可能就不是单纯的预防接种反应了，必须马上就医。

需要提醒家长的是，孩子在得感冒或者胃肠道疾病时，尽量推迟预防接种的时间。

低、中度发热简单处理

当然，预防接种后大部分孩子的发热都是低至中度发热。如果超过38.5℃，可以适当给予单纯的退烧药，其他抗感冒的药不必服用。而低热则不用吃药，多喝水就可以了。

物理降温怎么做

退热的目的是为了让孩子舒服点。一些物理降温的方法，如减少衣物、温水浴等，如果能够让孩子更舒服，可以采用。

其实温水浴对退热的作用不是很大，但孩子非常烦躁或不适时，很多妈妈会给孩子泡温水澡，因为这样可以让他舒服点。但如果孩子比较排斥，不要强迫。

酒精擦拭、冰敷等不推荐用于退热，因为可能引起寒战和其他不适。

此外，还应注意，鼓励孩子补充足够的水分，比如水、稀释果汁或口服补液盐溶液等。让孩子多休息，不建议剧烈运动。

提高耳温枪准确率的 5 个策略

水银温度计可引起汞中毒和误吸等意外，电子体温计准确、体积小，但需要孩子的配合。为了更方便、准确地测量体温，我们推荐使用耳温枪。

1 使用耳温枪时，应适当提拉孩子的耳廓，1 岁以下将耳朵向后下方拉动（外耳道短而直，鼓膜接近水平位），1 岁以上向后上方拉动，以保证耳道呈一直线。

2 如果孩子的耳道被耳屎堵塞，耳温枪也会测不准，此时一定要找医生处理。

3 环境会影响体温，寒冷季节、炎热夏季测量体温时，如果刚在外面待过，应在室内至少待 15 分钟再测量。

4 避免连续测量，两次测量之间一定要间隔 1 分钟。

5 正常情况下，左右耳的温度可能存在一定的差异，所以最好确定一只耳朵进行测量。

正确用药见效快

发热较重的孩子，可服用退烧药对乙酰氨基酚、布洛芬等。这两种药物的安全性已经经过实践证明，不必因担心不良反应而拒绝给孩子用药。

口服退烧药起效时间一般为半个小时左右，半个小时后，如果孩子体温下降，且身体状态良好，可以辅以物理降温。对于一般的发热，如果一种退烧药能很好地控制体温，建议使用单一药物，可以避免发生两种药物剂量混淆的情况。

对于持续的高热，如果一种药物退烧效果不理想，可在儿科医生指导下两种药物交替使用，能减少 24 小时内每种药物的使用次数，降低发生不良反应的风险。但两种药物 24 小时内合计不能超过 4 次。

退烧药	对乙酰氨基酚	布洛芬
适合年龄	6 个月以上	6 个月以上
降温度数	1~2℃	1~2℃
药效高峰	3~4 小时	3~4 小时
维持药效时间	4~6 小时	6~8 小时
使用剂量	每 4 小时 10~15 毫克 / 千克	每 6 小时 5~10 毫克 / 千克
每日次数	4	4
退烧特点	起效快	退热平稳，对于 39℃ 以上的高热效果更好
注意事项	有严重肝肾损伤或对此药过敏的孩子禁用	6 个月以下或肾功能不好的孩子慎用，过敏孩子禁用

出现这些情况，宜马上就医

1 6 个月以内的孩子如有发热，不论轻重，先别自行服药，宜尽快就医。

2 6 个月以上的孩子发热至 38.5℃ 或更高。

3 发热伴有严重的咽喉疼、耳朵疼痛、咳嗽、难以解释的出疹、反复呕吐和腹泻时。

4 孩子无精打采、昏昏欲睡。

5 持续高热超过 24 小时。

6 连续 3 天服用退烧药仍无明显好转。

7 高热时出现情绪激动，如看起来似乎受了惊吓、看见不存在的物体、说话很奇怪等。

这样吃助孩子降温

给孩子补充水分

发热会带走孩子身体里的水分，增加孩子脱水的危险。所以，孩子发热时要多喝水，既可以喝白开水、电解质水，也可以喝天然果汁等。如果是2岁以内的孩子，想喝奶的话，也可以通过喂母乳或配方奶来补充水分。

特别要说的是，发热的孩子在退热过程中更应该补充水分。

孩子发热期饮食宜分步走

1 总体饮食宜清淡。发热时唾液的分泌、胃肠的活动会减弱，消化酶、胃酸、胆汁的分泌都会相应减少，而食物如果长时间滞留在胃肠道里，就会发酵腐败，最后引起中毒。因此饮食宜清淡、少油腻。

2 吃母乳的孩子坚持母乳喂养。发热时，母乳喂养的孩子要继续吃母乳，并且增加喂养的次数和延长每次吃奶的时间。1岁后的孩子可以给稀释的牛奶、稀释的鲜榨果汁或白开水。

3 孩子发热时饮食以流质、半流质为主。为孩子准备的食物要易于消化，多选流食或半流食。流质食物有牛奶、米汤、绿豆汤、少油的荤汤及各种鲜果汁等。夏季喝绿豆汤，既清凉解暑又有利于补充水分。

体温下降食欲好转时改半流质饮食，如藕粉、米粥、鸡蛋羹、面片汤等。以清淡、易消化为原则，少食多餐。不必盲目忌口，以防营养不良、抵抗力下降。伴有咳嗽、痰多的孩子，不宜过量进食，不宜吃海鲜或过咸、过油腻的菜肴，以防引起过敏或刺激呼吸道，加重症状。

孩子发热时，若出现了咽部疼痛的情况，在不太严重时，吃点儿冰激凌可以缓解疼痛。这招安全有效，爸爸妈妈们请放心。如果咽痛严重，受不了冷食的刺激，就不要这么做了。

忌强迫进食

有些妈妈认为发热会消耗营养，于是强迫孩子吃东西。其实，这样做反而让孩子倒胃口，甚至引起呕吐、腹泻等，使病情加重。

咳嗽

不该留下遗憾的事儿

一咳嗽就给孩子吃药

好遗憾呀

宝妈： 孩子这几天总咳嗽，我怕他变成肺炎，赶紧到药店买了点药吃，可是在医院工作的同学知道后说不能随便吃药，让我带孩子去医院。

咳嗽要确定病因后再用药

不留遗憾

梁大夫： 孩子的支气管黏膜较娇嫩，抵抗力弱，容易发生呼吸道炎症。有的家长特别紧张，一听到孩子咳嗽，就急着看病找药。实际上，咳嗽有清洁呼吸道使其保持通畅的作用。通过咳嗽，可将呼吸道内的病菌和痰液排出体外，减少呼吸道内病菌数量，减轻炎症细胞浸润。如果咳嗽不是由细菌感染引起的，无须吃药。

把润喉片当成止咳药

好遗憾呀

宝妈： 孩子最近咳嗽，喂他药也不爱吃，我觉得润喉片吃了喉咙很舒服，每次他咳嗽时候就喂他一片，可是吃了好多天还是咳嗽。

不要乱用润喉片

不留遗憾

梁大夫： 咳嗽时多饮水。3岁以内的孩子尽量少用润喉片，有些孩子哭闹时易误吸。

绿色止咳，让孩子赶紧好起来

孩子咳嗽，排痰比止咳更重要

孩子咳嗽时，喉咙里有许多痰液，而由于呼吸系统发育不够完善，不能像成人那样将痰液顺利咳出，通常会直接吞咽下去，只有通过大便或呕吐排出体外。如此一来，大量病菌便积聚在呼吸道内，容易导致感染。因此，家长应学会有效地帮助孩子排痰。可以让孩子侧卧，轻拍其背部，促进痰液排出。

拍拍背	**多喝水**	**少吃甜食和冷饮**
在孩子的前胸和后背（左右肺部的位置）由下而上有次序地拍打，尤其是在孩子的背部和胸部的下方痰液更易积聚的地方。	在咳嗽期间，如果体内缺水，痰液也会变得黏稠而不易咳出，若能多饮水，则可稀释痰液，使其易于咳出。	注意少吃甜食和冷饮，因为甜食和冷饮从中医上来说，比较容易生痰。

孩子咳嗽宜注意抱姿

孩子咳嗽痰多时，应将其头部抬高，促进痰液排出，减少腹部对肺部的压力；还可将孩子竖着抱起，轻轻地抚摩或拍打其后背，这样能使孩子感觉舒服一些。

使用加湿器保持空气湿度

保持空气中的温度、湿度和洁净度十分重要。恰当的室内湿度利于稀释痰液而咳出，空气太干燥，痰液可能会滞留在气管壁上不易排出。

1 用加湿器使室内湿度保持在50%，太湿也不行，容易滋生病菌。

2 选择吸入水蒸气的方式降低气道的过度反应，但不能使用自来水或矿泉水，宜使用蒸馏水。

3 最好坚持每天换水，使用一周左右，按说明书的要求清洁一次。

运内八卦，理气止咳消食

八卦位于手掌面，以掌心（内劳宫穴）为圆心，以圆心至中指根横纹内 2/3 和外 1/3 交界点为半径画一圆，内八卦即在此圆上。爸爸妈妈可用拇指指端顺时针方向运孩子内八卦 100～200 次。运内八卦能宽胸理气、止咳化痰、消食化积，主治孩子咳嗽、痰多等。

补肺经，补肺气止咳

肺经是无名指掌面指尖到指根连成的一直线。爸爸妈妈用拇指指腹从孩子无名指指尖向指根方向直推肺经 100 次。补肺经可补益肺气、化痰止咳，主治孩子感冒、发热、咳嗽、气喘等。

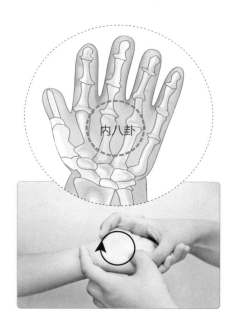

内八卦

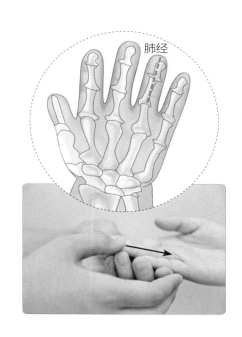

肺经

出现这些情况，宜马上就医

1 咳嗽伴有呼吸频率加快、呼吸困难、喘鸣、呕吐或皮肤青紫。

2 咳嗽影响孩子进食和睡眠。

3 咳嗽突然出现，且伴有发热。

4 被食物或其他物体呛到后出现的咳嗽。

这样吃缓解咳嗽

多喝白开水稀释痰液

要喝足够的水，以满足患儿生理代谢需要。因为充足的水分可帮助稀释痰液，使痰易于咳出，最好是白开水。也可在白开水中加入一些新鲜梨汁，对润肺止咳大有好处。

清淡饮食

孩子咳嗽期间的饮食要以清淡为主，但同时要保证富含营养且易消化、吸收。若孩子食欲不佳，可做一些味道清淡的菜粥、片汤、面汤之类的易消化食物，既有利于孩子进食，又能够补充水分和体力，加快恢复。

挑养肺化痰的水果来吃

不是所有水果都适合咳嗽的孩子吃，枇杷、梨等具有清热化痰、健脾、养肺的功效，可以让孩子多吃，但像苹果、橘子、葡萄等酸甜口感的水果不宜多吃，因为酸能敛痰，使痰不易咳出。多食含有胡萝卜素的蔬果，如番茄、胡萝卜等，一些富含维生素A或胡萝卜素的食物，对呼吸道黏膜的恢复是非常有帮助的。

咳嗽期间这些最好不吃

忌冷饮寒凉 ✕

不宜让孩子吃寒凉食物，尤其是冷饮和冰激凌等。因为中医认为身体一旦受寒，就会伤及肺脏，如果是因肺部疾患引起的咳嗽，此时再吃冷饮，就容易造成肺气闭塞，症状加重，日久不愈。

忌食甜食和咸食 ✕

忌食甜食和咸食，吃咸易诱发咳嗽致使咳嗽加重；吃甜助热生痰。所以应尽量少吃甜食和过咸的食物。

忌食肥甘、厚味、油腻食物 ✕

所话说"鱼生火，肉生痰"，吃过多肥甘的食物会伤脾胃，产生内热而加重病情。

忌食含油脂较多的食物 ✕

忌食含油脂较多的食物，如花生、瓜子、巧克力等，食后易滋生痰液，使咳嗽加重。

喝点蜂蜜缓解咳嗽

研究显示，蜂蜜能有效缓解咳嗽的频率和程度。美国儿科学会认为，1岁以上的孩子因普通感冒引起咳嗽时，可以用蜂蜜止咳，一次2~5毫升。如果家里没有蜂蜜，用玉米糖浆代替也可以。

肺炎

 以为孩子不发烧、不咳嗽就不是肺炎

好遗憾呀

宝妈： 我家孩子刚刚满月，这两天我给她喂奶，她不那么爱吃了，吸奶时也似乎没力气，还总是呛奶。我看她不咳嗽、不发烧，以为是消化不良，也没太在意。下午，做护士长的外婆来了，当她看到孩子的小嘴就像螃蟹似地往外吐泡沫时，马上让我带孩子去医院，她认为孩子可能是患了肺炎。

 肺炎并不一定咳嗽

不留遗憾

梁大夫： 并不是所有肺炎患儿都会发热，如冬春季的流行性肺炎，衣原体、支原体性肺炎可无发热或仅有低热现象。尤其是新生儿若患有肺炎，有可能既不咳嗽也没有体温升高的症状，而只是吸吮差、易呛奶，父母千万不可忽视，以免耽误治疗。

 觉得抗生素毒副作用大，稍微好转就停药

好遗憾呀

宝妈： 孩子得了肺炎，在医院开了几天抗生素的药，感觉烧退了、咳嗽也轻了，就想停药，可是孩子爸爸说还是再去医院问问医生，到医院医生说还需要继续用药巩固治疗。

 使用抗生素一定要遵医嘱

不留遗憾

梁大夫： 服用抗生素一定要吃到位，让吃7天就吃7天，不能感觉好一些就自作主张少吃2天。这样容易使残存的细菌因治疗不彻底而耐药，变成"超级细菌"，造成细菌对抗生素的不敏感，以后再治疗就更困难了。

肺炎要早发现早治疗

简单两步辨别肺炎

观察胸凹陷法

新生儿患了肺炎后，需要比平时更用力吸气才能完成一次气体交换，所以吸气时可以看到胸壁下端明显向内凹陷，医学上称为胸凹陷。家人最好在孩子睡觉时仔细观察，如果孩子出现呼吸浅快和明显的胸凹陷现象时，就说明孩子可能患了肺炎，应立即就医进行治疗。

数呼吸法

世界卫生组织提供了一个简单的诊断肺炎的标准：在患儿相对安静的状态下数每分钟呼吸的次数，如果发现超过右侧标准，就说明孩子有肺炎的可能，就要赶紧就医诊治。

2 个月以下婴儿呼吸次数≥60 次 / 分

2~12 个月婴儿呼吸次数≥50 次 / 分

1~5 岁小儿呼吸次数≥40 次 / 分

出现这些情况，宜马上就医

1 精神呆滞；呼吸急促、喘鸣或间歇性停顿、烦躁不安、面色发灰。

2 缺氧导致唇、舌及甲床发绀；拒奶、吐奶或呛奶，饮食困难、拒食；复发性肺炎。

3 脉搏又快又弱，血压低；颈肌突出、肋骨间和锁骨上窝下陷、胸口痛；严重呕吐、脱水，持续或不停地咳嗽。

4 即使没有上述症状，6 个月以下的孩子、百日咳孩子、有慢性病（如糖尿病、哮喘）的孩子或免疫力失调的孩子有咳嗽不适的，应及早就医。

如何正确数呼吸

给孩子数呼吸时，如果将呼气算 1 次，吸气算 1 次就错了。

正确的做法是数满 1 分钟，每一呼一吸算 1 次呼吸。如果发现呼吸次数有异常，应当反复数几次。

妈妈该怎么照顾肺炎宝宝

改善孩子生活环境

室内空气要新鲜，适当通风换气。室温最好维持在 24~26 ℃，湿度在 50%~60%。冬天可使用加湿器或在暖气上放水槽、湿布等，也可在火炉上放一水壶，将盖打开，让水汽蒸发。因为室内空气太干燥，会影响痰液排出。

注意呼吸道护理

注意穿衣盖被均不要影响孩子呼吸；安静时可平卧，须经常给孩子翻身变换体位，可促进痰液排出。如有气喘，可将患儿抱起或用枕头等物将背垫高呈斜坡位，有利于呼吸。鼻腔内有干痂，可用棉签蘸水取出。

高热时需要"特殊照顾"

给患儿多喝水，口服对乙酰氨基酚或布洛芬等。

对营养不良的体弱患儿，不宜用退烧药或酒精擦浴，可用温水擦浴缓解不适。降温后半小时测量体温，观察降温情况，及时补充水分防止虚脱。

做好晚间护理，保持皮肤、口腔清洁；保持床单柔软、平整、干燥、无碎渣。

推三关，虚散寒

三关位于前臂桡侧，从肘部（曲池穴）至手腕根部成一条直线。爸爸妈妈可以用拇指或食中二指自孩子腕部推向肘部 100~300 次。推三关有补虚散寒的功效，主要用于孩子气血虚弱、感冒、肺炎等一切虚寒证。

三关

家庭护理时的注意事项

1. 小儿肺炎要治疗 1 周左右才能好转，1~2 周甚至更长的时间才能痊愈。有些家长往往过于着急，即使孩子精神状态及一般情况都好，咳喘也不重，只是因为体温未退，就一天跑几趟医院，使患儿得不到休息，加之医院里患者集中，空气不好，容易使患儿再感染其他疾病，对康复反而不利。

2. 在家中治疗和护理的过程中，如发现患儿出现呼吸加快、烦躁不安、面色发灰、喘憋出汗、口周青紫等症状，应立即送往医院。

3. 小儿肺炎痊愈后，家长不要掉以轻心，特别要注意预防小儿上呼吸道感染，谨防小儿肺炎的复发。

这样吃减少咳嗽，好得快

根据孩子的喂养情况来安排饮食

由于肺炎患儿的消化功能会暂时下降，如果饮食不当会引起消化不良和腹泻。所以，爸爸妈妈应根据孩子的年龄特点为其提供营养丰富、易于消化的食物。

孩子情况	适合吃的食物
母乳喂养的孩子	仍以母乳为主，适量喝点水
配方奶喂养的孩子	可根据消化情况决定奶量，适当补水
添加辅食的孩子	可以吃些营养丰富、易于消化、清淡的食物，如面片汤、稀饭、梨汁等

宜吃清淡、易消化的食物

肺炎患儿常有高热、胃口较差、不愿进食的表现，应给予营养丰富、清淡易消化的流质（如母乳、牛奶、米汤、蛋花汤、菜汤、果汁等）、半流质（如稀饭、烂面条等）饮食，少食多餐，避免过饱影响呼吸。

应防止患儿呛奶

家长给孩子喂奶时应细心、耐心，防止孩子呛奶引起窒息。每吃一会儿奶，应将乳头拔出，让孩子休息一会儿再喂。喝配方奶的孩子应抱起或头高位喂奶，或用小勺慢慢喂入；呛奶的患儿，可在奶中加婴儿米粉，使奶变稠，可减少呛奶。

应增强孩子自身抵抗力

应为孩子补充足够的热量、营养和水分，增强抵抗疾病的能力。如果孩子吸奶困难，可以采用滴管或小勺，一滴滴、一勺勺地喂给孩子。

腹泻

不该留下遗憾的事儿

孩子腹泻了，采取禁食措施

好遗憾呀

宝妈： 儿子伤食后出现腹泻，每天拉稀水便六七次，还伴有呕吐。我觉得孩子会越吃越拉，就给他禁食，只喂点米汤。孩子饿得哭闹不止，腹泻症状也没减轻，后来不得不去看医生。

孩子腹泻禁食可能会加重病情

不留遗憾

梁大夫： 不论何种病因的腹泻，孩子腹泻时虽然消化功能降低了，但仍可消化吸收部分营养物质。所以，吃母乳的孩子要继续哺喂，吃配方奶或牛奶的孩子可以换免乳糖配方奶，已经添加辅食的孩子可减少辅食种类和喂食量。孩子腹泻本来就容易营养流失，若再不补充营养，会使其抵抗力进一步下降，不利于疾病康复。

立即用止泻药，加重腹泻

好遗憾呀

宝妈： 孩子拉肚子了，我急得赶紧去药店买了止泻药，可是腹泻没有止住，还是拉肚子，而且哭闹更厉害了。

腹泻不要盲目止泻

不留遗憾

梁大夫： 孩子腹泻了，并不一定是坏事。腹泻虽然能排出大量体液和未被消化吸收的物质，容易造成急性缺水和营养不良，但也会排出毒素和有害病菌等。孩子腹泻时，妈妈在不刻意止泻的前提下，应注意预防和纠正脱水，针对腹泻原因适量用药，及时补充矿物质。

腹泻时要悉心护理

呵护孩子的屁屁

孩子在腹泻时会比其他时候更容易患尿布疹，这和大便次数增多有关。这时妈妈需要更频繁地更换尿布或纸尿裤，保持孩子小屁屁的干爽以预防尿布疹。

擦屁股时不要用纸巾摩擦皮肤破损处，应用温水洗，清洗时特别要注意仔细洗净肛门周围、大腿内侧的皮肤褶皱处。清洗完先用软毛巾轻轻拭干皮肤，然后涂上护臀霜。如果已有红臀，皮肤干后须按照医生处方给予外用药。还可以解开尿布或纸尿裤，让小屁屁定期透透气。

1. 大便后及时擦净大便。
2. 用细软的纱布蘸水擦洗肛门周围的皮肤。
3. 再涂些油脂类的药膏，并及时更换尿布或纸尿裤。
4. 孩子用过的东西要及时清洗、消毒，并在阳光下曝晒，以免交叉感染。

推脾经有助于缓解孩子腹泻

如果孩子病情不是很重，妈妈可以给孩子按摩推拿，以增强胃肠道的消化吸收功能，缓解腹泻。脾经在大拇指指腹处，拇指桡侧缘指尖到指根成一直线。爸爸妈妈可以捏住孩子大拇指指面，顺时针方向旋转推动20～50次，能辅助治疗大便清稀多沫、色淡不臭、面色淡白、肠鸣腹痛等症状。

揉揉腹部，促进肠道蠕动

让孩子仰卧床上，妈妈用一手掌面沿顺时针方向揉摩腹部，10~15 分钟，能起到调理肠胃功能的作用。

奶瓶要及时消毒

奶瓶是孩子最重要的用餐工具，如果奶瓶消毒不彻底，易滋生细菌，引起孩子腹泻等肠胃疾病。

奶瓶必须经过高温消毒

配方奶营养丰富，每次最好只冲调一次用量的奶液，避免放置时间过长导致细菌滋生（没喝完的奶放冰箱存放不超过 2 小时）。如果孩子吃了残留在奶瓶中变质的奶，容易引起食物中毒。所以，对奶瓶必须进行高温消毒。奶瓶宜 3 天消毒一次，每次用开水煮沸 15 分钟。

出现这些情况，宜马上就医

1 如果孩子腹泻较重，大便有脓血，并伴有食量减少、呕吐、尿少等症状。

2 大便呈稀水样，每天达到 10 次以上，伴有高热、嗜睡等症状，甚至出现手足凉、皮肤发花、呼吸深长、口唇樱红色、口鼻周围发绀、唇干、眼窝凹陷等。

1 使用前拿掉盖子，取出配件筐、支架和奶瓶筐，然后用奶瓶取 80 毫升水倒入奶瓶筐中。

2 将去掉奶嘴的奶瓶倒置于奶瓶筐中，放入奶瓶间；将奶嘴放到配件筐中。

3 盖好盖子，按下开关键，进行消毒，大约 9 分钟即可。

腹泻时防止脱水，及时补水

怎么知道孩子是否脱水了

　　孩子腹泻最重要的是预防脱水。如果孩子虽然腹泻，但只要和平时进食、精神状态一样，就不必担心，继续观察即可。孩子如有下图中的表现，则提示脱水了。

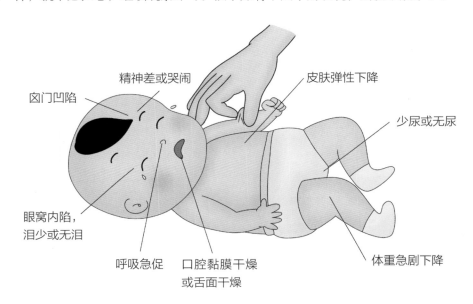

精神差或哭闹

皮肤弹性下降

囟门凹陷

少尿或无尿

眼窝内陷，泪少或无泪

呼吸急促　　口腔黏膜干燥或舌面干燥

体重急剧下降

孩子脱水后的表现

腹泻期间宜喝腹泻奶粉

　　孩子腹泻期间，最好咨询医生是否需要换成腹泻奶粉。因为腹泻期间肠道黏膜受损，会使肠道黏膜上的一种消化奶制品中乳糖的乳糖酶受到破坏，即使平时吃母乳、配方奶不会出现任何问题的孩子，此时也容易发生乳糖不耐受的情况。如果出现这种情况，要改为腹泻奶粉。

孩子脱水后宜补水和电解质

腹泻时体内的水分和电解质会随着大便流失，当人体流失的水分和电解质过多，会造成脱水和电解质紊乱。脱水和电解质紊乱会对身体造成伤害，严重时会危及生命。孩子由于自身的生理特点，腹泻时比成人更容易发生脱水和电解质紊乱，所以治疗孩子腹泻最重要的是预防脱水。

腹泻时补充水分、电解质的手段主要有两种：

口服补液	口服补液适用于病情较轻的孩子；重度脱水或者呕吐频繁者，需要依靠静脉补液
静脉补液	静脉补液帮腹泻严重的孩子渡过难关后应改为口服补液，直到孩子完全恢复

口服补液与静脉补液相比，补充的速度会慢一些，但更安全、更方便；静脉补液则能在短时间内将液体迅速输入体内，是挽救危重患儿的重要手段。

除非有儿科医生的指导和合适的工具，否则不要在家里尝试自制配方电解质液（包括自制糖盐水等）。

腹泻孩子应补锌

世界卫生组织针对孩子腹泻提出了新的护理原则：腹泻补锌。补锌对小儿肠结构与功能有重要作用，缺锌可导致肠绒毛萎缩、肠道双糖酶活性下降，而补锌能加速肠黏膜再生，提高肠道功能，缓解腹泻症状，缩短腹泻病程。锌是人体必需营养元素之一，孩子缺锌主要表现为食欲差、生长缓慢、体格矮小、免疫功能低下。

如何为腹泻的孩子补锌

对于0~6岁的孩子来说，葡萄糖酸锌比较好吸收，可以直接给孩子喝，也可以混合在奶中喂给孩子，但要保证孩子将奶全部喝完。孩子腹泻时，体内锌的流失速度很快且量大，所以需要一种迅速又好吸收的方式帮他止泻，让孩子口服补锌剂要比食物补锌效果更好。

当然，也可以在孩子腹泻时和恢复期，为他准备一些富含锌的食物作为辅助，如牡蛎汤、猪肝粥等。

世界卫生组织推荐腹泻的孩子口服补锌10~14天，以补充孩子腹泻时所流失的锌，还能预防腹泻再次发生。所以，不能腹泻停止了就不再给孩子补锌，要遵医嘱坚持到最后。

便秘

以为吃了香蕉就能排便

好遗憾呀

宝妈： 孩子便秘两天了，害怕吃药有不良反应，又总听人说香蕉治便秘，就去超市买了点香蕉。正好超市新上架了一些香蕉，虽然皮还有点绿，但是看上去很新鲜，就买了这种有点半生不熟的。回家之后就给孩子剥开一根吃，吃完之后也没什么反应，晚上又吃了一根，但仍没有排便。

未熟透的香蕉不能缓解便秘

不留遗憾

梁大夫： 未熟透的香蕉不但不能缓解便秘，还可导致便秘。有的香蕉虽然外表很黄，吃起来却肉质发硬，甚至有些发涩，这样的香蕉也没有熟透。未熟透的香蕉含有较多的鞣酸，相当于灌肠造影中使用的钡剂，难以溶解，且有收敛作用，会抑制肠胃蠕动，如果摄入过多则会引起便秘或加重便秘。所以，不宜食用没有熟透的香蕉。

宝宝便秘用开塞露就可以

好遗憾呀

宝妈： 孩子两岁半时开始出现便秘，当时想着孩子还小，消化吸收可能不太好，所以没太注意。时间长了就发现，孩子的大便干、硬，每次拉臭臭都比较费劲。在育儿群里问了一下，就使用开塞露暂时为孩子通便，但慢慢地有点形成依赖了，花了好长时间才扭转过来。

开塞露治标不治本

不留遗憾

梁大夫： 对于孩子便秘，用开塞露属于治标，能解决眼前问题，安全无刺激。但长时间使用开塞露或者肥皂条等容易使孩子产生依赖性，造成肛门括约肌松弛，引起大便失禁，严重者甚至有脱肛的可能。因此，应就医找到孩子便秘的原因，对症治疗，从根本上解决便秘的问题。

孩子便秘不容忽视

分清攒肚还是便秘

遇到孩子三四天不大便，有妈妈说是"攒肚"，不要紧；有妈妈说是便秘，应就医。那么攒肚和便秘到底该如何区分呢?

判断要点	攒肚	便秘
大便的性状	大便的次数减少，但大便的性状仍然是稀糊状，且排便不费劲	大便比较干硬，排便时比较费劲，有时候能把脸憋红
精神状态	精神状态、食量、睡眠等一切正常	可能出现睡眠不安稳，大便时哭闹、烦躁不安
发生时间	多发生在 4~6 个月孩子身上	任何阶段都可能发生

便秘的孩子要增加运动量

每天饭后可以带着孩子到户外活动一下。如果孩子还不会自己活动，可以抱着孩子在爸爸妈妈的腿上蹦一蹦，多练习趴、爬；如果孩子能自己活动，可以让他自己跑跑跳跳。这些都有助于促进肠胃蠕动，加速食物的消化，缓解便秘。

揉揉肚子防便秘

每天睡觉前帮孩子揉揉肚子，按顺时针方向轻揉 5 分钟左右，能增强肠胃蠕动，也是一个哄睡的好方法。这样，孩子每天起床第一件事情就是排大便。但揉肚子不要上下左右随便揉，因为大肠始于右下腹，终于左下腹，如果想把大便往外推，就得把它往出口那头赶，应该顺时针揉。另外，有的疾病禁揉肚子，如肠套叠。

孩子大便带血怎么办

如果孩子大便带血，应观察血液与大便是否混合:

1 大便带鲜血且与大便混合，说明小肠或直肠受损，应考虑食物过敏，尤其是牛奶蛋白过敏。

2 大便带鲜血且与大便分离，附着于大便周围，多是肛裂所致。如果有肛裂，可在孩子肛门找到小裂口，大便排出几分钟后可见小凝块，一般大便干燥的孩子容易出现肛裂。

孩子肛裂了怎么办

如果孩子已经出现了肛裂，应坚持用温小檗碱水浸泡或湿敷肛门处，促进肛裂尽快恢复。每次排便前，也可以在肛裂处涂些甘油、凡士林等，增加肛门的润滑，缓解疼痛。

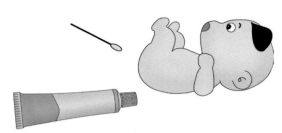

孩子出现肛裂时，每次排便前，在肛裂处涂些凡士林，可以增加肛门的润滑。

如果孩子肛裂严重，建议妈妈带孩子到医院检查，判断是否存在感染，并遵医嘱进行治疗。日常要坚持给孩子吃些含膳食纤维的食物，预防便秘。也可给孩子添加乳果糖口服液或小麦纤维素等纤维素制剂。

是否用药缓解便秘宜由医生决定

当孩子便秘严重时，有些妈妈就会擅自给孩子用泻药等，以促进消化、缓解便秘。其实，这种做法是不对的。孩子便秘是否需要用药，应由医生来决定。因为有时候孩子可能不是真的便秘，通过饮食调理和生活习惯调理就能解决大便不顺畅的问题。

如果孩子的排便问题一直持续，最好带他就医，医生会根据孩子的情况给出一些解决意见。当孩子真的需要用药治疗时，应由医生决定用哪种药，以及如何使用。

出现这些情况，宜马上就医

1 精神状态不佳、呼吸困难、拒奶、吐奶或呛奶等症状。

2 便秘伴有腹胀、腹痛、呕吐等情况，或伴有肛周脓肿、肛裂、痔疮等；先天性肠道畸形导致的便秘。

吃对了，让便便更通畅

母乳喂养的孩子，要保证乳母饮食均衡

1 有利于肠道微生态环境的建立。

2 促进肠道功能成熟和耐受。

3 促进营养素的吸收。

母乳喂养的孩子便秘的可能性很低

如果妈妈乳汁不足，要及时为孩子补充配方奶，且哺乳妈妈要保证饮食均衡，多吃蔬菜、水果、粗粮，多喝水、粥和汤，饮食不要太油腻，以缓解孩子便秘。

配方奶喂养的孩子，奶别冲太浓

如果是配方奶喂养的孩子，在给孩子冲调奶粉时要按照说明冲调，不要冲调过浓；两顿奶之间给孩子喝些水或果汁；也可以让孩子吃些添加双歧杆菌的奶粉，能辅助治疗孩子便秘。

孩子服用补铁药物后大便可能会异常

孩子服用了含铁的多种维生素制剂或补铁的药物，其中铁不能被全部吸收，会有少量经肠道排出，这时大便中可能含有黑褐色点状物，只要孩子发育正常，不必担心。

添加辅食的孩子，宜增加富含膳食纤维的食物

如果孩子开始添加辅食了，可以让他吃些玉米面或米粉做成的辅食，并且要及时添加蔬果汁、蔬果泥等，如苹果汁、胡萝卜泥、香蕉泥等，增加肠道水分，加速肠道蠕动，缓解孩子便秘。

如果孩子的体重每天增加7~8克依然便秘，这可能是喂孩子太多易消化的食物了。妈妈可以这样喂养孩子：

1 给孩子吃些富含膳食纤维的食物，如菠菜、圆白菜、西蓝花等，可以将蔬菜切碎，做成饺子、馄饨，也可以做成蔬菜粥、蔬菜饼等。

2 如果孩子的便秘是由食量不足引起的，妈妈应努力让孩子多吃些米饭、馒头，除了增加蔬果的摄入，也可以增加鱼和肉的量。如果孩子食欲不佳，应想办法提高孩子的食欲，如改变烹调方法、改变食物的性状等。

3 如果孩子因饮食结构不合理导致便秘时，要平衡孩子的饮食结构，五谷杂粮、蔬菜水果、肉蛋奶、坚果等都要摄取。尤其在过多摄入高蛋白、高热量食物后，要及时喝水且吃些蔬菜。

缓解孩子便秘宜正确补水

虽然多喝水并不能从根本上纠正便秘，但对缓解便秘还是有一定好处的。所以正确喝水能缓解便秘。1岁以后的孩子已经会拿杯子了，可以训练他自己拿杯子喝水，养成及时喝水的习惯，不要等口渴了才喝水。孩子在两餐之间、外出归来后、睡醒后、大哭后都可以适当补充水分。

积食

 以为喂得多就长得好

好遗憾呀

宝妈： 孩子一岁半了，精力特别旺盛，整天活泼好动，前几天过节，晚上全家人一起包饺子，孩子很爱吃，吃了两三个后，我觉得他已经饱了，但他爸爸又喂了三四个，凌晨孩子就烧起来了，吐得厉害，很明显是积食引起的发烧。赶紧抱去医院挂急诊，挂号抽血看诊折腾了一夜。

 孩子饮食要适量

不留遗憾

梁大夫： 很多家长总是怕孩子吃不饱、营养不够，每顿都会像填鸭一样喂养饮食尚不能自控的孩子。结果，反而损伤了孩子的脾胃，导致孩子积食。积食多发生于婴幼儿，主要表现为腹部胀满、大便干燥或酸臭、嗳气酸腐。当发现孩子有积食现象时要及时采取措施，不要让积食影响孩子的生长发育。

 错把积食当感冒

好遗憾呀

宝妈： 孩子两岁多了，那天单位加班，把孩子从奶奶家接回来有点匆忙。晚上睡觉时也挺好，前半夜就有点发烧了，以为是感冒，就给孩子吃了点感冒药，结果没什么用，后半夜烧得更厉害了，还吐了一次，赶紧给他奶奶打电话，分析可能是多吃了汤圆导致积食引起的。

 区分积食发热和感冒发热

不留遗憾

梁大夫： 积食发热和感冒发热是有明显区别的：积食发热的患儿舌苔厚，黄腻，口有臭气，肚子胀，有明显压痛感，食欲差；感冒发热的患儿一般舌苔薄白，多伴有呼吸道症状，如鼻塞、流鼻涕、打喷嚏等，而积食发热一般没有这些症状。家长可以根据这些做出判断。

积食，防治很重要

小细节发现孩子积食

症状	详细介绍
口气有异味	如果感觉孩子口气最近变化较大，可能是积食了
大便次数增多、有臭鸡蛋味	如果孩子大便次数增多，且每次黏腻不爽，甚至腹泻，大便有腐败的臭鸡蛋气味，应考虑是否积食
舌苔变厚	孩子的舌苔中间变厚，有的是整个舌苔变厚、变腻，有的是舌体中间出现一块硬币大的厚舌苔，则要考虑是否积食了（需注意，0~3个月的孩子舌苔厚、发白，多见于奶渍残留）
嘴唇突然变得很红	妈妈发现这几天孩子的嘴唇突然变得很红，像涂了口红，这时应怀疑是积食化热了
脸容易发红	孩子右侧的颧骨部容易发红，有可能是积食导致的
食欲紊乱	开始时孩子吃不下食物，胃口不佳，经过一段时间，孩子会觉得肚子饿，但吃完又肚胀，很快又排泄出去了，也可能是出现积食了
晚上睡觉不踏实	孩子晚上睡觉翻来滚去、身体乱动，比较小的孩子在睡觉时还会哭闹，这就是中医说的"胃不和则卧不安"，很可能是积食引起的

适当运动，预防积食

孩子进食 30 分钟后，可以适当运动一下，能促进胃肠蠕动，有助于防治积食。

天气晴好的时候，带孩子到小区或公园中晒太阳、散步。小孩子可以由妈妈扶着在腿上蹦蹦跳跳、活动一下；大点的孩子可以多趴、多爬；学走路的孩子可以扶着他练习走路；能自己玩耍的孩子可以多跑跑、跳跳、做做游戏，或与其他小朋友一块儿玩。这样可增加热量消耗，促进胃肠蠕动，加速消食。

捏脊，缓解积食

孩子俯卧床上，妈妈用拇指、食指和中指合作，从尾椎骨一直捏到脖子。捏起肌肉和皮肤，放开；再捏起肌肉和皮肤，再放开。捏脊 5 分钟左右。

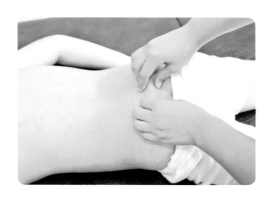

推天河水辅助治疗积食引起的发热

天河水在前臂正中，腕横纹至肘横纹成一直线，妈妈可以用食指和中指指腹自孩子腕部向肘部直推天河水 100～300 次，对孩子积食引起的发热有辅助治疗效果。

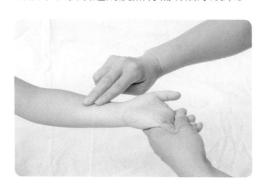

正确使用积食药

给孩子吃一些助消化、养胃的药物，如多酶片、小儿化食丸、小儿健脾化积口服液等。但一定要在医生的指导下服用。

出现这些情况，宜马上就医

1 积食引起呕吐、腹泻、便秘时；积食伴有腹胀、腹痛。

2 积食引起手足发热、烦躁不安、夜间哭闹等症状，且发热超过 38.5℃。

积食了，积极纠正喂养不当

宜坚持母乳喂养

母乳是孩子最理想的食物，含有较多的脂肪酸和乳糖，钙、磷比例适宜，不仅能提供丰富的营养，容易被孩子消化和吸收，而且还含有多种抗体，有助于预防多种疾病。所以，坚持母乳喂养是最科学的喂养方式，可以避免孩子产生积食。

哺乳妈妈饮食宜清淡

对于哺乳妈妈来说，饮食宜清淡，可以喝些丝瓜汤、鲫鱼汤等以促进乳汁分泌，不宜过多饮用高蛋白、高脂汤品，如猪蹄汤、母鸡汤等，否则孩子吃了这样的母乳不容易消化，很可能出现腹泻、腹胀的情况。

缓解积食巧用偏方

焦三仙	山楂水	麦芽水
取焦麦芽、焦山楂、焦神曲各6克，加水熬煮至300～400毫升，加冰糖煮化。让孩子饮用，可消食导滞，健运脾胃。	取干山楂10克，煮水饮服，能增进食欲、开胃，对吃肉过多引起的积食有效。	取炒麦芽20克，煮水饮服，可消食化积。

注：未添加辅食的孩子如出现积食，可以给他腹部按摩20~30分钟，或者口服小儿健脾化积口服液或四磨汤口服液。

晚上辅食别吃得太晚、太腻、太饱

孩子晚上吃得太晚、太腻、太饱，对肠胃十分不利。因为晚上孩子运动少，肠胃蠕动减慢，吃多了会增加肠胃负担，不利于消化吸收。

所以，孩子晚餐最好吃些清淡的食物，如粥、汤、素菜等。进餐时间最好在18点以前，且吃八成饱即可。此外，最好选择脂肪含量低的鸡胸肉、鱼肉、瘦肉等，甜点、油炸食品尽量不要吃。

不该留下
遗憾的事儿

湿疹

 湿疹很严重了，
还拒用激素药膏

好遗憾呀

宝妈： 孩子 3 个月了，最近脸蛋通红，上面有些若隐若现的小疹子，摸着硬硬的。可能是由于痒痒，他老是用手去抓，时而哭闹不已。听群里的姐妹们说，可能是湿疹，别用激素药膏，注意保湿，多抹点滋润霜就行了。我就买了护肤霜天天抹，但发现孩子的湿疹越来越严重，就带着孩子去皮肤科了。医生说，激素类软膏外用是安全的，早该给孩子抹了，就不会这么难受了。

 激素药膏该用还得用

不留遗憾

梁大夫： 湿疹最早见于 2～3 个月的宝宝，大多发生在面颊、额部、眉间和头部，严重时躯干四肢也有。初期为红斑，以后为小点状丘疹、疱疹，很痒，疱疹破损后渗出液流出，干后形成痂皮。宝宝出生 6 个月后湿疹会有所好转；2 岁后有自行消退的趋向。

目前，药房里售卖的许多治疗小儿皮肤病的药膏都是激素类的，但激素含量不大，并且药膏一般只用于身体局部，最多引起治愈后局部色素沉着，并不会引起全身不良反应。对于中重度湿疹来说，合理选用外用激素药膏是首选治疗方式，能减轻症状，治疗一段时间以后宝宝可以通过自身的免疫调节恢复健康。

做好皮肤护理，治疗湿疹事半功倍

注意孩子皮肤的护理

1 如果孩子只是头部出现湿疹，其他部位都正常时，可以不去处理，保证皮肤清洁、滋润，会自然痊愈。

2 症状不重时，每天涂1~2次含有肾上腺皮质激素的药膏会很快好。

3 渐退的痂皮不可强行剥脱，待其自然痊愈，或者可用棉签浸熟香油涂抹，待香油浸透痂皮，用棉签轻轻擦拭。

4 患儿皮损部位每次在外涂药膏前先用生理盐水清洁，不可用热水或者碱性肥皂液，以减少局部刺激。

5 为了防止孩子小手搔抓患处而继发感染，可用棉纱缝制的小手套套在手上，或者用软布包裹宝宝双手，但要特别注意不能有任何线头在手套或软布的内面，以防因线头的缠绕引起手指的缺血性坏死。

6 室内保持凉爽，特别是晚上。卧室用加湿器，不仅是在冬天空气干燥时，夏天如果用空调，也要用加湿器。

保湿是关键

小儿湿疹护理上关键的是保湿。洗澡水要温和，避免过热，泡澡时间以5~10分钟为宜。洗完澡擦干后，要在湿疹部位涂治疗药膏，在全身其他部位涂保湿膏。一般推荐以矿物油（如凡士林）为主要成分的稠厚软膏，每天涂3次，让宝宝一天的皮肤都湿湿润润的。

湿疹宝宝应科学用药

当宝宝湿疹比较轻、没有皮损时，可用炉甘石洗剂，它是一种粉剂与溶液的混合物，主要成分为滑石粉、氧化锌和水，有良好的清凉、收敛效果。

当孩子皮肤不完整时，或出现了皮肤破溃，特别是渗液阶段，只能使用激素和抗生素药物，促使破损尽快恢复，否则会出现皮肤感染，导致湿疹持续不退。这两种药物同时使用，直到皮肤完整，也就是说皮肤表面裂口都已愈合，表面变光滑了，但还有点红、痒等表现时，才能抹其他护肤品。

出现这些情况，宜马上就医

湿疹若治疗不当，患部会蔓延扩大，引起严重病变。因此孩子湿疹严重时要及时请皮肤科医生治疗。

1 渗出的情况比较严重，孩子一挠就会看到黄色的液体渗出，而且非常多，并且伴有发热。

2 湿疹容易反复，刚好几天又反复了；在家用了肤乐霜等药，但效果不佳。

饮食上注意防过敏

防过敏的几点措施

1 母乳喂养可以防止因牛奶喂养而引起异蛋白过敏所致的湿疹，所以尽可能坚持母乳喂养，特别是在孩子出生后的前 6 个月。

2 母乳喂养妈妈一般需要避免刺激性食品；配方粉喂养的孩子如果明确对牛奶过敏，需要换成深度水解配方奶或氨基酸配方奶。

3 已经添加辅食的孩子，在湿疹期间一般避免引入新的辅食种类。

排查食物过敏原

年龄越小，湿疹与过敏的关系越大，而且与食物过敏的关系越大。家长要有耐心，一种一种地进行食物排查。

母乳喂养的孩子出现过敏，妈妈要排查自己的饮食。配方奶喂养的孩子，停用奶粉及所有含牛奶制品，换用深度水解配方奶或氨基酸配方奶。添加辅食的孩子，还要逐一排查孩子所吃辅食。

补充益生菌

在回避过敏原的基础上，配合用益生菌会取得比较理想的效果。尤其对小婴儿来说，湿疹多由于食物过敏，特别是乳蛋白过敏所致。也就是说，因为肠道发育不够成熟，致使乳蛋白等可能引起过敏的食物成分，没有充分消化即被吸收，再加上肠道黏膜免疫功能不全，便导致了过敏。益生菌既可改善肠道消化吸收，又可促进肠道黏膜免疫功能成熟，对预防小儿过敏有一定功效。

缺铁性贫血

 **用铁锅做辅食，
还是发生了贫血**

好遗憾呀

宝妈：孩子六个多月了，能吃辅食了，长辈专门买了个铁锅，说用铁锅给孩子做辅食健康，还能补铁。可是在1岁体检的时候，孩子还是检查出了有轻微的缺铁性贫血。医生详细问了孩子的饮食情况，跟我说，贫血可能跟孩子不爱吃肉、肝等有关。现在想想铁锅炒菜补铁就觉得可笑，有人有类似可笑的遗憾吗？

 **不要用铁锅做辅食
当补铁来源**

不留遗憾

梁大夫：传统认为铁锅炒菜能补铁，其实铁锅中铁的溶出率是很低的，难以计算，而且有些食物含有果酸等，遇到铁容易发生化学反应，影响味道和健康。当然，习惯用铁锅做辅食的也可以继续保持，但不要将其当作补铁的主要方法，应给孩子选择富含铁和维生素C的食物来补铁。

根据世界卫生组织的标准，6个月以上的宝宝血液中血红蛋白低于110克/升就是贫血，其中缺铁性贫血是较为常见的。当被诊断为贫血，需要及时在医生指导下补充铁剂。

根据医生建议合理补充铁剂

缺铁性贫血宜补充铁剂

如发现宝宝有贫血症状，应到医院进行检查，确定贫血原因和类型，有针对性地进行治疗。如果贫血是由于缺铁造成的，应该在医生的指导下补充铁剂。对于婴儿来说，这些药物可能是滴剂的形式；对于大一点的宝宝来说，有可能是口服液或口服药片。

对于不能耐受口服铁剂、腹泻严重而贫血又较重的患儿，可考虑用补铁针剂注射，同时配合服用维生素 C，以利于铁的吸收。但静脉注射铁剂可发生栓塞性静脉炎，故须慎用。

对于重度贫血、合并感染或急需外科手术的患儿，可以考虑用输血的方式来治疗缺铁性贫血。

贫血纠正后，仍需继续服铁剂 2~3 个月

在口服铁剂 2 周后血红蛋白逐渐上升，1 个月后贫血纠正后，仍需服用 2~3 个月甚至更长时间，以补充体内的铁储存量。在医生告知已不需要治疗之前，不要擅自停止用药。

按时体检能及时发现宝宝贫血

一般儿童常规体检中都会定期进行血常规的检查，目的之一就是尽早发现缺铁性贫血的苗头，因此妈妈们要按时给宝宝体检。

贫血改善后宜通过饮食补铁

这样吃最能补铁

如果经过一段时间治疗，血常规检查正常了，可以以食物补铁。

1 让宝宝适量多吃含铁质丰富的动物血、肝脏，其次是瘦肉和海鲜等。在选择补铁食材时要根据宝宝的具体情况来选择，如果发现宝宝对某种食材有过敏现象，要马上停止食用。

2 宝宝的饮食要营养全面、均衡、易消化，主食要粗细搭配。根据宝宝的年龄给予适合的食物，合理烹调，要适量。

3 由于宝宝消化能力较差，更换和添加辅食必须小心。一般在药物治疗开始数天后，临床症状好转才可以添加新辅食，以免由于添加食物过急而造成消化不良。同时必须纠正宝宝偏食、挑食的坏习惯。

别过分依赖红枣补血

红枣、蛋黄、菠菜、木耳等植物性食物虽然含有一定的铁，但很难被人体吸收。临床上有一些平时习惯用吃红枣来补铁的贫血患者，他们的血红素升得并不理想。一般建议贫血患者多吃点排骨、瘦肉、动物血等，每周吃1~2次猪肝，这样补铁比单纯吃红枣效果要好。不能说红枣不补铁，但红枣的补铁效果确实不如动物性食物的补铁效果好。

补铁同时补维生素 C 可促进吸收

让宝宝适量多吃些富含维生素 C 的水果及新鲜蔬菜，有利于促进铁的吸收和利用。富含维生素 C 的食物有樱桃、橙子、草莓、香椿、蒜薹、菜花、苋菜等。

Part

4

小儿常见意外
防患于未然，安全成长

吞咽异物

 孩子将放在床上的纽扣吞了下去

好遗憾呀

宝妈： 那个时候孩子还小，刚刚学会爬。一次我把他放在床上玩，起身给他冲奶粉喝，没想到，孩子爬到枕头边摸到一枚小纽扣，直接送嘴里吞了。我竟一点儿也不知情，直到后来孩子拉大便的时候，我赫然发现了便便里的纽扣，暗自庆幸，幸好拉出来了，不然留在肚子里还不知道会怎样呢。

 家长应时刻关注孩子的安全

不留遗憾

梁大夫： 孩子对这个世界充满好奇，会爬以后，他的活动范围扩大了很多，也喜欢什么都要送到嘴里尝一尝，很容易发生意外。因此，当孩子有了一定的行动能力之后，家里细小的物件、零食都要放在他拿不到的地方，不能让他抓到什么就往嘴里送。由于婴幼儿的会咽软骨发育不成熟、牙齿未完全萌出，以及对危险的认知不足，因此很容易吞咽异物或异物阻塞气管而造成窒息。家长对此应予以重视，时刻注意孩子的安全。

抓了小笼包整个儿往嘴里塞，却被噎住了

好遗憾呀

宝妈：有一次，孩子可能是太饿了，奶奶刚端上桌的小笼包，他就迫不及待地抓了一个，直接塞到嘴里往下咽，不料包子太大卡在了喉咙口，他难受得不行。奶奶一看，孩子脸色都变了，赶紧狠拍其后背，可算是吐出来了，孩子随即大哭。

应将大块食物分割后给孩子食用

不留遗憾

梁大夫：家长最好将大块食物分割成小块再让孩子食用。热馒头、烧豆腐块等热食，虽然表面可能变凉，但内部温度有可能还很高，所以一定要让这些食物彻底凉凉再给孩子，以免灼伤食管。

孩子被一根鱼刺卡住，去医院才给取出来

好遗憾呀

宝妈：有一次，给孩子吃鱼肉时，已经剔过一遍刺，没想到还有未剔干净的，只一会儿工夫，孩子就指着自己的喉咙喊痛，我一看，被鱼刺卡住了。我又是让他吃蔬菜又是让他喝醋，还给他灌了一勺油，没用！去医院做了小手术才把那根鱼刺给取出来。现在想来，真是遗憾，当初买点鱼刺少的鱼或者给孩子完全剔净鱼刺再吃就好了。

买肉多刺少的鱼，完全剔净鱼刺

不留遗憾

梁大夫：应挑选肉多刺少的鱼，剔干净鱼刺。如果孩子不慎被鱼刺卡住了，先安抚他的情绪，别让鱼刺因哭闹而越扎越深，再让他张嘴，用手电筒观察鱼刺的大小。如果鱼刺较小，扎入比较浅，可以让孩子做呕吐或咳嗽的动作，或用力做几次"哈、哈"的发音动作，利用气管冲出的气流将鱼刺带出；如果位置较深，则要尽快带孩子去医院。

孩子吞咽异物，家长这样急救

观察孩子吞咽异物后的反应

婴幼儿容易误吞硬币、安全别针、圆珠子、纽扣、药片、玻璃球等，对孩子来说，其中最危险的异物是尖锐的别针和药片。一旦孩子吞下异物，家长切忌慌乱，只要未导致窒息和剧烈咳嗽，可先观察孩子的反应，再决定是否送医。

孩子吞进的异物可大可小，形状各异，因此一旦发现孩子吞进异物，首先应该判断孩子的状况。如果发现孩子只是吞下了平滑的东西，比如杏核或纽扣，不必太担心，注意观察孩子的大便，确认异物已经排出，即可无忧。

孩子误吞异物导致窒息的急救方法

当孩子吞下异物后，气管被异物完全堵住，或者没有完全堵住却咳不出来，就会影响呼吸，发生窒息。而窒息时间一长就会造成孩子大脑缺氧，从而留下严重的后遗症，所以家长千万不能干坐着等救护车，而要争分夺秒采取措施尽量先将孩子气管内的异物排出。

及早拨打 120 电话

在给孩子实施现场急救前，应先拨打 120 急救电话。如果等到急救之后再打电话，则有可能会拖延就医时间。

方法一

海氏急救法

此法适用于年龄较小的孩子。父母可以先小心地把孩子脸朝下，趴在自己前臂上；然后用手掌托住孩子的头颈，用大腿抵住手臂作支撑。孩子头一定要低于身体其他部位，再用手掌根部果断、用力地叩击其背部两肩胛骨之间，利用异物自身重力和叩击时胸腔内气体的冲力，促使异物咳出。

方法二

按压胸廓

孩子和家长姿势同上，家长用两三根手指指腹放在孩子的两乳头中点向下一横指的位置，垂直向下按压1.5~2.5厘米后松开，让胸廓回复到正常状态，如此连续按压5次。连续做5次拍背和5次胸部按压，重复上述动作直到异物被强行排出或孩子开始咳嗽（可让其自己咳出异物）。

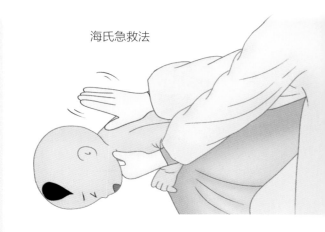

海氏急救法

出现这些情况，宜马上就医

1 如果孩子吞进的是尖锐的异物，如针、铁丝、牙签等，应立即到医院去处理。

2 如果孩子吃了金属性异物，如硬币等，要到医院做腹腔X光片，看看异物在什么部位。如果异物大于5厘米，或形状特殊，如有角、刺等，有可能嵌顿在胃肠道的某一部位，而不能随大便排出，必要时要考虑用胃镜或手术方法取出异物。

3 若吞入电池等有毒、有害物品时，应去医院尽快取出。

4 如果孩子在用急救法取出异物后还是没有呼吸，要尽快进行心肺复苏，并尽快带孩子到医院检查。即使在异物被取出且孩子呼吸通畅后，仍然要带孩子到医院进行检查，千万不可掉以轻心。

摔伤

不该留下遗憾的事儿

孩子跌倒撞了一个肿包，给他揉了揉，结果更红肿了

好遗憾呀

宝妈：有一次孩子摔伤了，头上顿时起了个大肿包，老人立马给他擦了菜油，然后用手使劲揉那个肿包，还说这样肿包散得快。可是越揉孩子越疼，肿包也越揉越红肿。

有肿包别随意按揉

不留遗憾

梁大夫：许多家长在孩子跌倒后会马上替孩子按揉损伤部位，以为这样可以散瘀肿。其实如果用力按揉肿块，一方面由于摩擦使皮肤受热，皮下血管扩张，增加出血量，使肿块增大；另一方面，由于不定位的用力不断挤压，把更多的血液压迫到血管外，使症状加重。孩子由于运动而摔伤在所难免，一般而言都是症状较轻的皮下组织挫伤，此时宜用压迫法处理，即用指、掌压迫受损部位，压迫面积要大于受伤面积。如果有皮损，就压迫距伤口 0.5 厘米的两个远端，不要移动位置，使血管断端马上闭合，既可避免渗出物对神经末梢的刺激而减轻疼痛，又能直接减少出血，加快凝血过程，预防或减轻皮下瘀血、水肿。

孩子从床上掉到地上，磕破了额角，留下一块疤

好遗憾呀

宝妈：有一次，孩子趁我睡着了爬到床边，一个翻身就掉到了地上，刚好碰到桌角，把额头磕伤了，孩子哇哇大哭。我被惊醒了，赶紧把他抱起来，一看额头流血了，当时就把孩子送往医院。孩子恢复之后，额头上一直有一小道疤，这令我遗憾至今，当时怎么就没想到给孩子的床加个护栏呢？！

挑选床头两侧加护栏的婴儿床

不留遗憾

梁大夫：现在的婴幼儿用品丰富多样，在母婴分床的理念倡导下，给孩子挑选一张舒适又安全的小床是家长的责任。带护栏的婴儿床在很大程度上可以保护已经会翻身的婴幼儿的安全，从而避免意外发生。妈妈爸爸在看护之余也可以放心地休息。

使用学步车让孩子学习走路

好遗憾呀

宝妈：佳佳七个多月时已经能稳稳当当地坐着了。为了从沉重的照看中解脱出来，我给她选购了学步车。佳佳一坐上学步车就发现了其中的妙趣，在车内只需脚尖一点，车子自动就开始滑动了。一段时间后，她就能带着学步车在屋里窜来窜去了。可有一次把我吓住了，再也不给她用学步车了。那年冬天，我用了电烤炉，佳佳不知怎的一下就窜到电烤炉面前，学步车底下的轮子速度极快，我来不及制止，她的手就这样被烫伤了。到现在我老公都还埋怨我这事儿呢。

学步车看似方便实用，其实暗藏诸多安全隐患

不留遗憾

梁大夫：孩子七八个月时，是练习滚、爬的最佳时机，如果坐上学步车，滚、爬对孩子的吸引力就会大大降低。过早、过长时间使用学步车，容易造成孩子以后身体平衡性和全身肌肉协调性差，出现感觉统合失调，表现为手脚笨拙、多动、易摔跤等。此外，学步车移动速度较快，能快速进入危险地带，令妈妈猝不及防。推荐妈妈用手推车，在车里放一些重物（比如几本书），以降低车速，防止孩子摔倒。

孩子摔伤后，怎样护理不留疤

孩子摔伤，家长需细心观察

摔伤部位在脊椎，不要搬动孩子，立即拨打120。摔伤部位在手脚，家长可对其摔伤的部位进行固定，再送医院处理。摔伤部位在头部，家长需观察孩子有没有出现头晕、呕吐、头痛、意识模糊等症状，如果没有上述症状，可给孩子涂抹消肿止痛药膏，继续在家观察1~2天，若出现异常，应及时就医。

出现这些情况，宜马上就医

1 头部有出血性外伤。

2 孩子摔后没有哭，但有意识不清、半昏迷、嗜睡的表现。

3 摔后2天内，孩子出现反复呕吐、嗜睡、精神状态差或剧烈哭闹。

4 摔后2天内，孩子出现鼻部或耳内流血、流水、瞳孔不等大等情况。

一般人摔伤后脑勺比摔伤额头更危险，极容易引起重度脑震荡或颅内出血，并会很快发作发展，所以家长发现孩子有症状要尽快送医。

家长护理正确及时，孩子少受罪

1 摔到头部，未出血但有肿包时，应立即冷敷处理（24小时内可冷敷，超过24小时则可热敷）。

2 当孩子摔伤皮肤有破损时，家长要判断伤口深浅程度，如果伤口较浅，只伤及皮肤表层，则不用送医。先用清水冲洗伤处，以免脏东西附在破损处，或用棉球蘸淡盐水清洁伤口，然后涂上碘伏或酒精，不用包扎，避免沾水，几天后就会好。

3 如果家长观察到孩子摔伤处伤口较深，且创面比较大，污染较严重，最好带孩子去医院处理，这时候伤口需要进行专业的清创和缝合。

后期在家护理好，孩子不留疤

1 当伤口刚刚结痂愈合的时候会比较痒，孩子常会不自觉地用挠抓、摩擦等方法止痒，这样会刺激局部毛细血管扩张、肉芽组织增生而形成疤痕。切记禁止孩子用手抓挠患处。

2 当伤口止血后，可直接在伤口处抹上芦荟胶，有防止留疤的作用。

3 在给孩子涂抹外伤药剂时，需细读说明书，一些外科常用的涂抹制剂有的是不能用在创面或溃疡面的。

4 孩子在创口恢复期，可多吃蔬菜和水果等富含维生素 C 的食物。皮肤的主要成分是蛋白质，多吃点富含胶原蛋白的食物也有助于伤口愈合。

预防孩子摔伤，防患于未然

1 3~5 个月的小孩子还不会坐，只会翻身，活动的空间多半是在床上，把他放在四面有护栏的床上是最好的办法。护栏不要靠孩子太近，给他提供一定的活动空间。如果婴儿床没安护栏，最好不要把会翻身的孩子单独留在床上。

2 6~8 个月的孩子基本上会自己坐了，此时他的主要活动场所还是在床上，随着活动能力越来越强，此时需要增加护栏高度，在床周围的地上铺一层泡沫垫子，以防孩子摔落磕伤。

3 9~12 个月的孩子开始学习爬行、走路，可把房间整理干净，给孩子一个开放的空间，凡是孩子有可能爬到的地方要做到无异物、无危险品、无灰尘，爬得上的桌椅不要靠近窗户摆放。

4 1~3 岁的孩子应避免做不恰当的或超出能力范围的运动，如从高处往下跳、在车多人多的地方快速奔跑等。

烫伤

不该留下遗憾的事儿

 洗澡水刚放了热水，孩子就一脚踩进去烫着了

好遗憾呀

宝妈：有一次我想着给孩子洗个热水澡，那时年轻没经验，放水时先放了热水，没想到孩子一跑过来问也没问就一脚踩进了热水，脚立刻就烫伤了。我一看，孩子烫伤的脚又红又肿，很是心疼。

 洗澡水先放冷水再加热水

不留遗憾

梁大夫：每个妈妈都不希望孩子被烫伤，可由于孩子天性活泼好动，以至于往往发生烫伤都在家长意想不到的时候。要记得放洗澡水的时候先放冷水再加热水，以免孩子烫伤。

 孩子被热锅的油烫到，老人直接拿牙膏抹

好遗憾呀

宝妈：我是上班族，平时由老人带着孩子，有一次孩子被烫伤了，听说牙膏有清凉消炎的功能，于是给烫伤处抹了牙膏。看着孩子受伤面积小，后来也就没管，却不料渐渐地产生了色素沉着，至今孩子大热天出门不喜欢穿短袖，真是悔不当初。

 做饭时别让孩子进厨房

不留遗憾

梁大夫：孩子被飞溅的油、水烫到是常事，因此家长最好在做饭菜的时候不让好动的孩子进入厨房，以避免被锅里飞溅的油或是热腾的汤烫到。孩子的皮肤十分娇嫩，表皮层又薄，相同温度的热液引起的烫伤要比成人严重得多，如果家长处理不及时或处理不当，常可使创面加重或感染，甚至留下永久性瘢痕。

孩子烫伤后，立即用凉水冲洗

孩子烫伤，家长需细心观察烫伤程度

观察烫伤面积：以孩子五指并拢的手掌大小为身体的1%，可基本判断烫伤面积所占身体比例。

观察孩子的烫伤（包括烧伤）程度：热液烫伤以Ⅰ度、Ⅱ度最多，严重的为Ⅲ度。

①Ⅰ度烫伤症状表现为：烫伤局部干燥、疼痛、微肿而红，无水疱。

②Ⅱ度烫伤：分为浅Ⅱ度及深Ⅱ度。

浅Ⅱ度症状表现为：局部红肿明显，有大小不一的水疱形成，内含淡黄色液体，水疱破裂后可见潮红的创面，质地较软，温度较高，剧烈疼痛，痛觉在伤后1~2天最为明显。如果家长护理不当，一旦感染即转为深Ⅱ度。

深Ⅱ度症状表现为：局部肿胀，表皮较白或棕黄，有较小水疱，去除表皮后创面微湿、微红或红白相间，质地较韧，感觉迟钝，温度较低，伤后1~2天最为明显。

出现这些情况，宜马上就医

在了解到孩子烫伤面积和烫伤程度之后，如果孩子烫伤为浅Ⅱ度，面积较大，超过5%或家庭卫生条件较差者，最好把孩子送医进行治疗，以免护理期间皮肤感染。如果已经出现深Ⅱ度烫伤，应送孩子住院治疗，以最大限度地防止感染，保留残留的上皮组织，减少瘢痕形成。

家长护理需及时正确，烫伤孩子少受罪

1 一旦孩子发生烫伤，立即用自来水冲洗、浸泡伤处约20分钟，夏天可用冰水浸泡，这个方法的优点在于，既能减轻孩子患处疼痛，又能减轻烫伤程度。如果是不易冲洗的部位，可用毛巾进行冷敷。

2 如果孩子被烫伤的部位穿有衣物，家长需要及时脱掉衣物，将烫伤的危害降到最低。需注意的是，千万不能硬脱衣物，以防加重皮肤的损伤，可先把烫伤周围部分的衣服剪掉，再进行冲水或浸泡冷水。

3 在进行大量冲水处理之后，家长需根据烫伤面积及程度采取相应措施：

①Ⅰ度烫伤：如果孩子烫伤面积不大，家长可给他涂上紫草膏、烫伤膏（各大医院及药店均有售）等。3~5天后，

局部由红转为淡褐色，表皮皱缩、脱落，露出红嫩、光滑的上皮而愈合，可能会有短时间的色素沉着，但一般不会留下瘢痕。

②浅Ⅱ度烫伤：如烫伤面积较大，在冷水大量冲洗之后，家长可用浸碘伏的纱布遮盖住创面，然后快速送医，以免发生继发感染。在孩子恢复期间，减少伤患部位的活动，大约在2周后创面愈合，可能有色素沉着，但不留瘢痕。

警惕这些护理误区

在烫伤处涂抹牙膏、酱油：老一辈人往往因为以前生活条件所限，凭经验就对孩子的伤情进行判断和护理，给孩子烫伤处涂抹所谓的偏方，比如牙膏、酱油等。殊不知这样做既影响医生对病情的判断，又会造成创面的感染，延误治疗的最佳时机。

没有冲洗直接送医院：有的家长在孩子被烫之后，一下慌了神，因忙着带孩子去医院治疗而忽略烫伤后首先要长时间的冷水冲洗。有家长只冲了几分钟就抱着孩子往医院赶，这样做对烫伤的后期愈合不利。要知道，烫伤后以大量冷水冲洗创面，是减轻孩子疼痛以及烫伤程度的最简单有效的方法。

如何避免孩子在家被烫伤

1 孩子饿了，闻到厨房有菜香，最喜欢往厨房里跑，这时家长需注意不要让孩子进入厨房。

2 如果孩子还小，妈妈注意不要单手抱着他在厨房里做饭菜，因为油锅里的油常会飞溅，容易烫伤孩子。

3 装有热汤或热水的容器要放在孩子碰不到的地方，包括饮水机热水出水口都可能烫伤孩子，所以家长在购买饮水机时最好选择门可以关上的款型。

4 为孩子准备洗澡水时，家长应先放冷水后放热水。冬季使用的热水袋水温应低于60℃，将瓶盖拧紧后，外面再用布包好。

5 任何有加热功能的电器，如电熨斗、电饭锅、电水壶等应远离孩子。使用后应及时放在孩子不能触及的地方。

6 家里洗厕所用的清洗剂要放在孩子拿不到的地方，且不可随便拿汽水瓶、油瓶或其他食品容器来装，以免孩子误拿误食发生化学性烫伤。

不该留下
遗憾的事儿

晒伤

好遗憾呀

外出被晒伤没能悉心护理，后来患处色素沉着

宝妈：我长年在外工作，有一次夏天放假回来陪孩子出游，没想到孩子颈部皮肤却被阳光灼伤，又红又肿，回家后只给他抹了点清凉油，以为这样会恢复过来，没想到后来晒伤的地方慢慢地产生了色素沉着。

不留遗憾

晒伤后及时护理

梁大夫：家长夏季带孩子出门，最好穿戴好帽子、墨镜，涂抹防晒霜等防护用品，避免晒伤。如果被晒伤，要及时涂抹晒伤膏药，或敷上西瓜皮薄片，或用棉球蘸茶水轻轻拍敷晒红处，以减轻红肿、痒痛等不适，有利于快速恢复。

好遗憾呀

把孩子晒伤的水疱挑破了

宝妈：趁着天气好，带孩子去游乐园，中午太阳很毒，特意给孩子多涂了防晒霜，以为这样能避免晒伤。回家后，孩子说胳膊疼，我一看小胳膊红了，还起了水疱。拿针挑破了，结果第二天水疱周围变得更红更肿，我怕感染就带孩子去医院了。

不留遗憾

水疱挑破很容易感染

梁大夫：防晒霜不能一劳永逸，特别是被汗水冲掉之后要记得补涂。如果孩子的皮肤起了水疱，不要将其挑破。水疱没破，晒伤的皮肤就不会被感染；而水疱一旦被挑破，伤口就会曝露在外，很容易发生感染。

孩子晒伤后，这样护理娇嫩的皮肤

孩子晒伤，家长细心观察晒伤程度

轻度晒伤： 孩子在太阳晒过后的3~5小时内，被晒部位出现边界清楚的红斑。鼻尖、额头、双颊可能有脱皮现象。红斑有稍稍的灼烧、刺痛感。晒伤症状一般会在晒后12~24小时内达到高峰。

中度晒伤： 孩子皮肤晒伤部位的红斑颜色加深。患处出现水肿、水疱，疼痛非常明显。如果晒伤脚部皮肤，则可能会出现水肿的症状。

重度晒伤： 当孩子晒伤面积较大时，可出现畏寒、发热、头痛、乏力、恶心、呕吐等全身症状。

孩子被晒伤，家长护理小窍门

事实上，每个活泼的孩子在夏季长时间曝露于阳光下都有可能被晒伤。妈妈不可能每次在孩子出门时都能记住给他涂上防晒霜。而当孩子玩得尽兴而归后，却告知妈妈这里痒那里疼。妈妈也不要着急，可针对症状选择以下办法：

1 对于曝露部位的红肿斑块，可以直接取鲜芦荟的汁液涂抹（使用前应确定孩子不对芦荟过敏），也可外擦炉甘石洗剂。如果手头没有这些药物，也可用冰块或冰水敷在红斑处。

2 当孩子晒伤的局部皮肤红斑明显水肿，用冰牛奶湿敷，能起到明显的缓解作用，一般每隔2~3小时湿敷20分钟，直至急性红肿消退；也可用3%硼酸水冷敷，之后可以外用儿童适用的激素类霜剂（如肤乐霜、尤卓尔等），有明显减轻局部红、肿、热、痛的作用。

3 如果晒伤较严重，有水疱或破溃出水，可以1:2000的小檗碱水清洗，然后使用外涂抗生素软膏（如莫匹罗星等）。

4 当孩子晒伤患处的红肿消退有脱屑时，家长注意应避免衣物摩擦伤处皮肤，并外涂硅霜。

出现这些情况，宜马上就医

孩子出现重度晒伤需及时送医。当孩子在晒太阳后，有明显发热、恶心、头晕等全身症状，此时家长应及时送孩子就医。在医生的指导下口服抗组胺药物或镇静剂，重症者则需给予输液和其他处理。

蚊虫叮咬

被蚊子叮咬，起了好多肿包，过两天竟患上脑炎

好遗憾呀

宝妈： 我家住在山脚下，不仅潮湿且蚊子众多。一个夏天，我竟忘了点驱蚊香，孩子被蚊子咬了好些肿包，当时就涂了点风油精，也没怎么在意，岂料没多久孩子开始出现头晕、呕吐、精神差。带孩子到医院一查，竟然是急性脑炎！我懊悔极了。

做好驱虫防蚊工作

不留遗憾

梁大夫： 夏季的驱虫防蚊工作一定不可忽视。蚊子是传播疾病的媒介，抵抗力差的老年人和小孩子要注意预防。人们被蚊子咬了之后可能会感染疾病，常见的有疟疾、淋巴丝虫病、黄热病、流行性乙型脑炎、登革热等。夏天不想被蚊子骚扰，除了常洗澡，还要在房间里点上驱蚊香，尽量减少孩子受到蚊虫侵害。

被蚊子叮咬后，抓痒痒而破皮，成为"赤豆腿"

好遗憾呀

宝妈： 夏天，孩子怕热，穿得少露得多，当孩子被蚊叮虫咬后总是不自觉地伸手去抓痒，我当时也没在意，想着痒就挠挠吧，谁料想他总是抓破皮，肿包消退之后，就留下一个个的暗黑色印记，被小朋友笑称"赤豆腿"。现在想来，如果当初不让他抓痒就不会这样了。

及时止痒

不留遗憾

梁大夫： 孩子被蚊虫叮咬起了肿包，会觉得又痛又痒，家长要立即用肥皂给他清洗，然后涂上止痒膏及时止痒，这能防范孩子因为挠痒破皮而留下暗沉色印痕。家长应避免孩子过分挠抓，否则容易发生细菌感染。

夏季，让孩子远离蚊虫叮咬

4 招让孩子拒收"红包"

蚊虫无所不在，但只要防范措施得当，可大大降低被蚊虫叮咬的概率，从而更好地保护家人。以下方法是简便有效的防蚊妙招，妈妈们不妨学起来：

1 蚊子最爱选择黄昏时飞进屋里对人发起进攻。如果在傍晚使用驱蚊用品，就可以有效地阻止室外的蚊子从门窗缝隙飞进屋里。

2 夏天天气炎热，爱出汗的孩子每天可洗 2 次澡，用性质温和的婴幼儿沐浴露洗去汗味即可，防止蚊虫闻汗而来。蚊虫喜欢在比较暗的地方飞，穿深色衣服容易招引蚊虫叮咬，所以尽量给孩子穿色浅的衣服。

3 夏天孩子睡觉最安全天然的方法，是采用蚊帐或纱窗把蚊子隔绝在外；或者在卧室内放置几盒开盖的清凉油或风油精。市面上低毒副作用的驱蚊用品也有较好的效果。

4 夏季，最好把蚊子容易滋生和繁殖的地方打扫干净，尤其是阴暗潮湿的地方，如地漏、卫生间，从源头上消除蚊子隐患。

被蚊虫叮咬后，家长的正确处理

当孩子被蚊虫叮咬后，蚊子口器中分泌出一种有机酸——蚁酸，这种物质可导致皮肤肿包发痒。切忌乱抓乱挠，否则容易造成细菌感染，可使用以下方法迅速止痒：

1 用浓肥皂水涂抹在红肿处可迅速止痒。

2 如果叮咬处很痒，可涂上万金油、花露水、风油精等。

3 用盐水涂抹或冲泡痒处，这样能使肿包软化，还可以有效止痒。

4 可用芦荟的汁液止痒。切一小片芦荟叶，洗干净后掰开，在红肿处涂擦几下，能消肿止痒。

5 大蒜有强劲的杀菌作用，可以将蒜瓣切开，用断面涂抹肿包，有止痒消肿作用。

夏天，比蚊子更厉害的是毒虫

家长都知道，夏天除了蚊子肆虐以外，其他毒虫也十分活跃，比如马蜂、黄蜂、蜱虫、臭虫、蚤、虱、螨、蠓等。需要注意的是，不同的昆虫，毒液性质也不一样。以蜂为例，其毒液为碱性，被叮后要使用食醋清洗；而蚊子、螨虫等多数毒液为酸性，故宜使用肥皂水清洗。

被蜈蚣咬伤

伤口是一对小孔，蜈蚣的毒液呈酸性，用碱性液体就能中和。立即用 10% 左右的小苏打水或肥皂水冲洗，然后涂上较浓的碱水或 3% 的氨水。

被蚂蟥咬住

不要用手去硬拉，可用手掌或鞋底用力拍击，将蚂蟥震落；蚂蟥怕盐，也可以在它身上撒一些食盐，它就会全身收缩而跌落。

被蜜蜂、黄蜂刺伤

先要用镊子小心将蜂刺拔出，然后挤压伤口直到流出鲜红的血液为止，再用食醋涂抹伤处。

被蝎子蜇伤

可以在伤口近心端绑扎布条，拔出毒钩，用碱性液体如稀释后的苏打水清洗伤口，及时就医。

出现这些情况，宜马上就医

1 体质敏感的孩子，被叮咬后有可能会发生急性过敏反应，出现喉头水肿、胸闷气急等，故要及时就医。

2 当孩子被蚊子叮咬后出现呕吐、头痛头晕、精神倦怠等症状，要及时送医检查，如果是急性乙型脑炎需住院治疗。

3 有毒的昆虫与普通蚊虫叮咬后的小包不同，多呈现为绿豆至花生米大小、略带纺锤形的红色疙瘩，顶端常有小水疱，有的发生后不久便成为大水疱，搔抓后呈风团样肿包。常感到剧烈的瘙痒，甚至影响睡眠。用清水等冲洗，不仅效果不好，还会扩大中毒面积，毒汁会顺着血液、淋巴进入人体各部位。通常被咬部位会出现红肿、疼痛、皮疹现象，严重者甚至出现呕吐、过敏性休克等症状。

附录

0~3 岁孩子身高、体重增长曲线图

通过生长曲线能看出什么

生长曲线是医学专家们选定一群生长发育正常的孩子，记录他们的生长数据，将数据经过科学分析处理后形成的线图。它可以帮助爸妈比较直观地了解孩子的生长趋势。

生长曲线汇总了正常孩子发育指标的平均值，通过对照生长曲线，可以知道自己的孩子跟其他同龄、同性别的孩子相比处于什么水平，以及与孩子上次体检相比，他的发育速度如何。

例如，一个 4 个月大的女孩，在体重的生长曲线上对应着第 60 百分位，这说明在所有 4 个月大的女孩子中，有 60% 的孩子比这个孩子轻，有 40% 比孩子重。

需要关注生长曲线的哪些问题

曲线突然大幅波动

尤其大幅偏离标准曲线时，应该去医院检查一下，看是否有潜在的疾病隐患。

曲线长期处于低水平

如较长时间处于 3rd~10th，甚至低于 3rd，应向儿科医生咨询，看是否存在生理或病理方面的原因。

曲线长期高于 97th

如曲线较长时间高于 97th，应增加活动量，控制饮食。否则会增加成年后肥胖和患糖尿病等的概率。

关注孩子的生长，既要评估生长水平，又要评估生长速度

将孩子某一时刻的生长数据与生长曲线进行比较，找出孩子所处的百分位即个体与群体之间的比较。但孩子的成长是动态的，评价孩子的生长，不是只观察某个时间点，某（几）个测量数据，还应观察整体的发展趋势，看是否按照一定的速度和规律在发展。

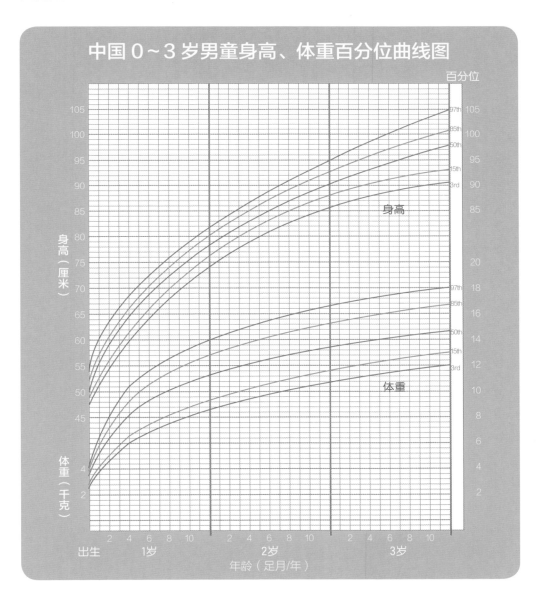

中国0~3岁男童身高、体重百分位曲线图

注：这两页为0~3岁男、女孩的身高、体重发育曲线图。以男孩为例，该曲线图中对生长发育的评价采用的是百分位法。百分位法是将100个人的身高、体重按从小到大的顺序排列，图中3rd，15th，50th，85th，97th分别表示的是第3百分位，第15百分位，第50百分位（中位数），第85百分位，第97百分位。只要孩子的身高、体重数据对应的点在第3百分位和第97百分位之间，而且长期平缓无较大波动，那么就说明孩子的成长情况良好。

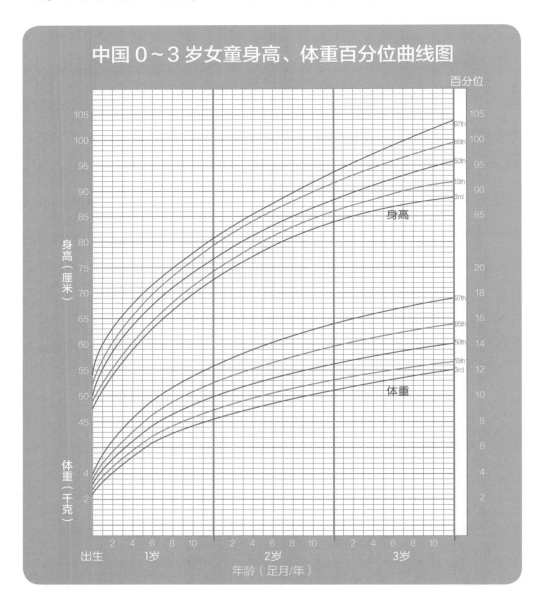

中国0~3岁女童身高、体重百分位曲线图